# Kombinierte Fügeverbindungen

Springer-Verlag Berlin Heidelberg GmbH

Klaus Wittke · Uwe Füssel

# Kombinierte Fügeverbindungen

Mit 126 Abbildungen

Springer

Prof. Dr. sc. techn. Klaus Wittke
Fraunhofer-Einrichtung für Zuverlässigkeit
und Mikrointegration (IZM)
Gustav-Meyer-Allee 25
13355 Berlin

Prof. Dr.-Ing. habil. Uwe Füssel
Institut für Produktionstechnik
Professur Fügetechnik / TU Dresden
Mommsenstraße 13
01062 Dresden

ISBN 978-3-642-76890-3     ISBN 978-3-642-76889-7   (eBook)
DOI 10.1007/ 978-3-642-76889-7

Die Deutsche Bibliothek - CIP Einheitsaufnahme
Wittke, Klaus: Kombinierte Fügeverbindungen / Klaus Wittke ; Uwe Füssel. -
Berlin ; Heidelberg ; New York ; Barcelona ; Budapest ; Hongkong ; London ; Mailand ; Paris ;
Santa Clara ; Singapur ; Tokio : Springer, 1996
   ISBN 978-3-642-76890-3
NE: Füssel, Uwe:



Satz: Reproduktionsfertige Vorlage der Autoren
SPIN: 10034417     68/3020 - 5 4 3 2 1 0 - Gedruckt auf säurefreiem Papier

# Vorwort

Auswahl und Anwendung von Fügeverbindungen stellen für moderne Produkte eine zentrale Aufgabe zur Steigerung der fertigungstechnischen, wirtschaftlichen und ökologischen Effizienz dar. Eine der interessanten Weiterentwicklungen auf diesem Gebiet sind nach Meinung der Autoren und vieler Praxispartner die "Kombinierten Fügeverbindungen".

Kombinierte Fügeverbindungen beinhalten - wie die vielfachen Beispiele aus der Wirtschaft belegen - ein enormes Entwicklungspotential. Zur gezielten Nutzung der Vorteile dieser Innovation der Fügetechnik sowie der unerwartet großen Synergieeffekte bei der komplexen Anwendung der Erkenntnisse speziell der Werkstoff-, Konstruktions- und Technologiewissenschaften ist eine durchgängige Charakterisierung der beim Fügen wirkenden Bindemechanismen und der sich daraus ableitenden Eigenschaften der Fügeverbindungen unabdingbar.

Diesem Anliegen soll dieses Buch entsprechen. Der Inhalt wurde durch Anregungen und Hinweise vieler Fachkollegen sowie durch die großzügige Bereitstellung von sehr interessanten und wirtschaftlich bedeutsamen Praxisbeispielen ausgezeichnet unterstützt. Dafür danken die Autoren. Besonderer Dank gilt der Alexander von Humboldt-Stiftung, die durch ein Stipendium besonders enge Arbeitskontakte mit Wissenschaftlern der Technischen Universität Berlin ermöglichte.

Klaus Wittke (Berlin),
Uwe Füssel (Dresden),                                              im Herbst 1995

# Inhaltsverzeichnis

# 1 Einleitung

## 1.1 Vorbemerkungen

Die Fügetechnik ist geprägt durch vielfältige Neu- und Weiterentwicklungen. Eine dieser interessanten und wichtigen Entwicklungsrichtungen ist die *Anwendung von Verbindungskombinationen*. Dabei wirken unterschiedliche Verbindungen in ein und demselben Anschluß einer Baugruppe oder eines Produktes gemeinsam zusammen.

Ein typisches Beispiel ist z. B. die für Dosen oder Behälter schon seit langem genutzte gelötete Falzverbindung. Es handelt sich in diesem Falle um die *Kombination einer formschlüssigen Falzverbindung mit einer stoffschlüssigen Lötverbindung*. Ein neueres Beispiel ist dagegen die Schraubenverbindung, die zur Sicherheit gegen Lösen und zur Abdichtung zusätzlich geklebt wird. Somit liegt hier die *Kombination einer kraftschlüssigen Schraubenverbindung mit einer stoffschlüssigen Klebverbindung* vor.

Für die Projektierung solcher Verbindungskombinationen fehlen aber heute oftmals die erforderlichen Gestaltungsregeln und Berechnungsvorschriften. Außerdem kann die Nutzung derartiger Verbindungskombinationen mit verbesserten Eigenschaften manchmal auch zu erhöhten Fertigungsaufwendungen führen. Das tritt z. B. bei der erforderlichen Anwendung zusätzlicher Verfahrensschritte wie etwa Löten oder Kleben ein.

Derartige Verbindungskombinationen in einem Anschluß, im vorliegendem Buch durchgehend als "*Kombinierte Fügeverbindungen*" bezeichnet, werden immer häufiger entwickelt und eingesetzt. Diese Lösungen sind in der Regel patentiert und finden in modernen Produkten eine immer breitere Anwendung.

Viele Varianten dieser Verbindungen sind in der von den Autoren erarbeiteten *Datenbank „Kombinierte Fügeverbindungen"* nach einheitlichen Kriterien erfaßt und werden in diesem Buch auszugsweise wiedergegeben. Sie belegen eindrucksvoll ihre Bedeutung für die industrielle Praxis.

## 1.2  Zum Wesen der "Kombinierten Fügeverbindungen"

Die sich verstärkende Tendenz der Anwendung kombinierter Fügeverbindungen läßt sich mit den Arbeiten auf dem Gebiet der Verbundwerkstoffe vergleichen. Diese finden in der Materialforschung und Werkstoffanwendung neben anderen neuentwickelten Konstruktions- und Funktionswerkstoffen besonderes Interesse.

Die Verbundwerkstoffe bestehen bekannterweise aus einer zielgerichteten Kombination von Matrixmaterialien mit entsprechenden Verstärkungskomponenten. Das theoretische Interesse an diesen Werkstoffen und ihre Bedeutung für die Wirtschaft kann man z. B. folgender in /1/ formulierten Feststellung entnehmen:

> "Das Zusammenwirken unterschiedlicher Materialien ergibt einen Effekt, der der Herstellung eines neuen Werkstoffs gleichkommt, dessen Eigenschaften sich sowohl qualitativ als auch quantitativ von den Eigenschaften der einzelnen Komponenten unterscheiden".

Eine analoge Entwicklung vollzieht sich heute auch in der Fügetechnik und zwar durch die steigende Anwendung des zielgerichteten Zusammenwirkens unterschiedlicher Verbindungen in einem Baugruppenanschluß. Das erklärt sich in der Regel daraus, daß solche traditionellen Fügeverbindungen, wie z. B. Niet-, Schrauben-, Preß- oder Schweißverbindungen in den Baugruppen und Endprodukten häufig nicht mehr allen gestellten Betriebsbeanspruchungen in vollem Umfang entsprechen können. Deshalb werden derartige Verbindungen immer öfter durch die gleichzeitige Anordnung noch anderer Verbindungsarten zusätzlich unterstützt.

Damit werden "geklebte Preßverbindungen", "gelötete Schraubenverbindungen", "Schweiß-Lötverbindungen" oder andere Verbindungskombinationen hergestellt und angewendet. *In Analogie mit den o. g. Verbundwerkstoffen können solche neuartigen Fügeverbindungen ebenfalls als zweckentsprechende und zielgerichtete Kombinationen von "Matrix-verbindungen" mit ausgewählten "Verstärkungsverbindungen" verstanden werden.* Ihre Eigenschaften unterscheiden sich deshalb auch sowohl qualitativ als auch quantitativ von denen der in ihnen vorhandenen einzelnen Fügeverbindungen.

Als ein Beispiel für eine kombinierte Fügeverbindung soll an dieser Stelle die "Punktschweiß-Kleb-Verbindung" näher betrachtet werden. So ist z. B. in der Karosseriefertigung der Automobilindustrie das Widerstandspunktschweißen heute noch eines der am meisten angewendeten Fügeverfahren. In den letzten Jahren wurde jedoch auch die Substitution des Widerstandsschweißens durch Kleben untersucht (siehe z. B. /2, 3/).

Dabei stand auch die Kombination "Punktschweißkleben", d. h. die *kombinierte "Punktschweiß-Kleb-Verbindung"* im Mittelpunkt der Arbeit. Dazu wurde in /4/ folgendes berichtet:

> "Um nun die Vorteile des Fügeverfahrens „Kleben" zu nützen und seine Nachteile zu kompensieren bietet es sich an, die beiden Techniken "Widerstandspunktschweißen und Metallkleben" zum Punktschweißkleben zu verbinden. Dieses kombinierte Verfahren biete neben allen Vorteilen des Klebens noch die Möglichkeit, die Schweißpunktzahl zu reduzieren".

Die in /4/ durchgeführten Proben- und Bauteiluntersuchungen ergaben im allgemeinen eine um 20-300 % höhere Lebensdauer punktschweißgeklebter Karosserien. Solche kombinierten Punktschweiß-Kleb-Verbindungen zeigen auch bei stoßartiger Belastung ein verbessertes Verformungsvermögen, wie es in /5/ nachgewiesen wurde (Bild 1.).

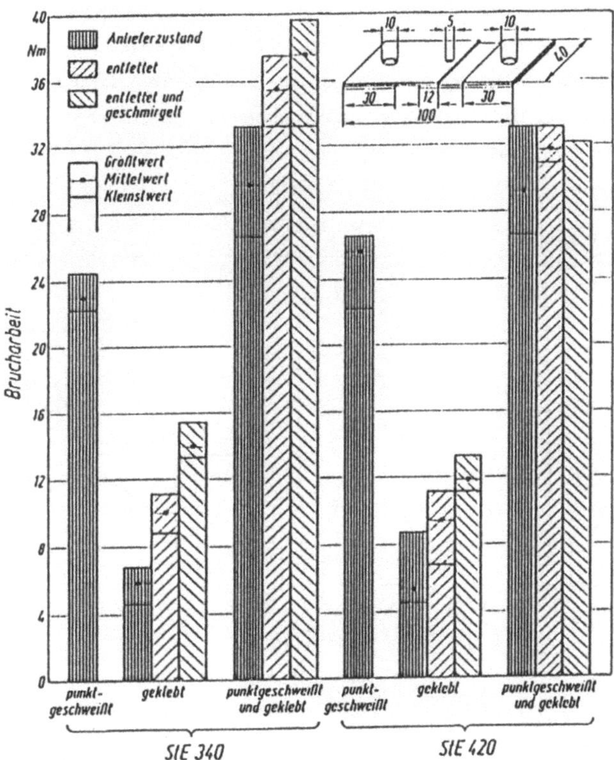


**Bild 1.**  Brucharbeit von Punktschweißklebungen im Vergleich zu Punktschweiß- und Klebverbindungen im Schlagscherzugversuch /5/

Das Alterungsverhalten von solchen kombinierten Fügeverbindungen ist ebenfalls nicht zu beanstanden. Dazu wurde z. B. in /6/ folgendes Ergebnis beschrieben:

> "Die kombinierten Verbindungen weisen im Vergleich zu den geklebten ein besseres Festigkeitsverhalten nach dem Altern auf. Das beste Trag- und Alterungsverhalten erbrachten die Punktschweißklebverbindungen aus Stahl StE420 mit geschmirgelten Oberflächen".

Diese günstigen Eigenschaften der Punktschweiß-Kleb-Verbindungen wurden an Versuchskarossen nachgewiesen. Nach /7/ kann der Steifigkeitsgewinn hierbei bis zu 40 % betragen (Bild 2.). Der Autor kam dabei u. a. zu folgenden Einschätzungen:

> "Mit dem Punktschweißkleben ergeben sich neue Möglichkeiten Blech und auch Stahlkonstruktionen kraftschlüssig zu verbinden und sie hohen dynamischen Belastungen auszusetzen. Damit eröffnen sich neue Perspektiven für den Leichtbau. Er ist mit Punktschweißkleben ohne Festigkeits- und Komforteinbußen zu bewerkstelligen. Im Gegenteil, die Untersuchungen haben ergeben, daß sogar eine Verbesserung möglich ist".

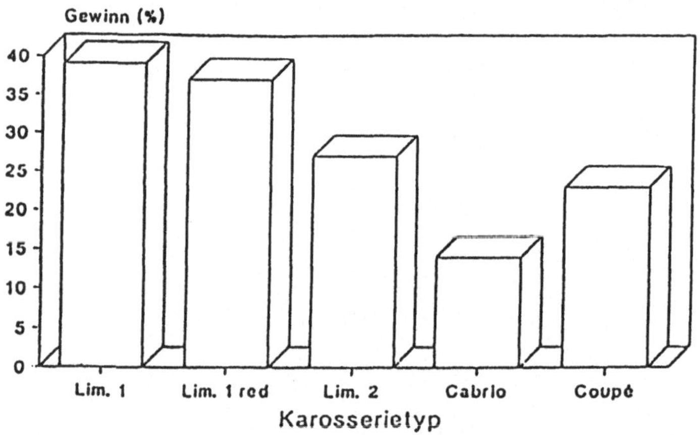


**Bild 2.**   Steifigkeitsgewinn durch Punktschweißkleben an unterschiedlichen Karosserietypen /7/

Die hier angeführten Beispiele zeigen, daß kombinierte Fügeverbindungen andere bekannte Verbindungen sehr sinnvoll ergänzen können. Sie zeichnen sich u. a. durch neuartige Eigenschaftskomplexe aus, was für den Einsatz solcher Verbindungen äußerst bedeutsam ist.

## 1.3  Aufgabe des Buches

Die Kombination verschiedener Verbindungen in einem Anschluß wird für die Fügetechnik in zunehmendem Maße erforderlich werden. Natürlich ergänzen diese neuen Verbindungen nur dort die Vielzahl der konventionellen Fügeverbindungen, wo ihr Einsatz unbedingt notwendig, technisch möglich und auch wirtschaftlich sinnvoll ist. In Zukunft werden also neben den breit angewendeten üblichen, konventionellen Fügeverbindungen auch ihre zielgerichtete Kombinationen gleichberechtigt und in steigendem Maße zur Anwendung kommen. Allerdings fehlt bis heute zum Problemkreis der kombinierten Fügeverbindungen eine zusammenfassende Darstellung der vorliegenden Erfahrungen, der Entwicklungs-, Auswahl- und Anwendungsmethoden sowie der erforderlichen theoretischen Grundlagen. Die ersten zielgerichteten Arbeiten zu diesem neuen Wissensgebiet der Fügetechnik wurden 1985 in /8, 9/ veröffentlicht. Ein Jahr später erschien bereits eine entsprechende Broschüre zu dieser Thematik /10/.

Im vorliegendem Buch werden diese Grunderkenntnisse vertieft und durch viele neue Beispiele beschrieben Das soll die Anwendung der kombinierten Fügeverbindungen in der Wirtschaft fördern und Anregungen für die zielgerichtete Entwicklung neuer Verbindungskombinationen geben. Das Buch richtet sich deshalb in erster Linie an Fachkräfte der Entwicklung, Konstruktion und Fertigung. Studierende erhalten Informationen und Wissen von einem zukünftigen Lehrfach.

*Die Autoren stellen der Gemeinschaft der Ingenieure dieses Buch mit der Bitte um viele kritische Bemerkungen zum vorgestellten Themenkreis der kombinierte Fügeverbindungen vor.* Sie danken allen Firmen, Forschungseinrichtungen und Hochschulen für die zahlreichen interessanten Hinweise und die übergebenen technischen Informationen, ohne die in dem Buch weitaus weniger Beispiele hätten angeführt werden können.

Die Autoren danken auch den Mitgliedern des VDI-Ausschusses "Kombinierte Fügeverbindungen" aus der Wirtschaft und Bildung für ihre interessanten Empfehlungen zu diesem Problemkreis. Dieser Ausschuß wurde auf Beschluß des Fachbeirats Konstruktion der VDI-Gesellschaft "Entwicklung-Konstruktion-Vertrieb" 1992 gegründet und erarbeitet z. Zt. eine Richtlinie "Kombinierte Fügeverbindungen". Die Autoren danken Herrn Professor Dorn von der TU Berlin, der die Arbeit an diesem Buch mit großem Interesse und vielen nützlichen Hinweisen begleitet hat.

Besonderen Dank schulden die Autoren dem Springer-Verlag für den Vorschlag, dieses Buch zu schreiben, für die wichtigen Vorschläge und die große Geduld während der Erarbeitung des Manuskripts.

# 2 Bestimmung wichtiger Begriffe

## 2.1 Zum Begriff "Fügeverbindung"

Anstelle des Begriffs "Verbindung" wird in Fachartikeln und anderen Publikationen (siehe z. B. /8 - 23/, sowie bereits auch in einigen Normenwerken /24, 25/ zunehmend der Begriff "Fügung" bzw. "Fügeverbindung" angewendet. Der letzte Begriff entspricht auch dem in der Praxis üblichen Sprachgebrauch für andere Elemente der Fügetechnik wie z. B. für Verfahren, Prozesse, Konstruktionen, Vorrichtungen usw., wie es die folgende Übersicht nur auszugsweise zeigt:

| | | |
|---|---|---|
| Schweißverfahren | schweißen | Schweißverbindung |
| Lötverfahren | löten | Lötverbindung |
| Klebverfahren | kleben | Klebverbindung |
| Nietverfahren | nieten | Nietverbindung |
| Schraubverfahren | schrauben | Schraubenverbindung |
| ... | ... | ... |
| *Fügeverfahren* | *fügen* | *Fügeverbindung* |

Durch den Begriff "Fügeverbindung" kommt deutlich zum Ausdruck, daß jede Füge-verbindung einerseits ein "konstruktives Element" ("...verbindung"), andrerseits aber gleichzeitig auch das "Ergebnis des Fertigungsprozesses Fügen" ("Füge...") ist. *Im Unterschied zu anderen möglichen Verbindungen kennzeichnet der Begriff "Fügeverbindung" also sehr eindeutig eine durch Fügen hergestellte Verbindung.* Ausgehend von diesen Überlegungen wird deshalb im vorliegenden Buch im weiteren der Begriff "Fügeverbindung" einheitlich und durchgängig angewendet. Die Mehrzahl der vom Verlag befragten Spezialisten auf dem Gebiet der Konstruktions- und Fertigungstechnik haben sich mit diesem Begriff identifiziert.

Entsprechend der in /26/ gebrauchten Formulierung

"Verbindungen sind Zusammenschlüsse von zwei oder mehreren widerstandsfähigen Körpern (bzw. den beiden Enden eines Körpers), die eine Trennung der Körper auch unter Betriebskräften verhindern" und in Ergänzung dieser Begriffsbestimmung durch Berücksichtigung der möglichen Freiheitsgrade (Bild 3.) sowie der zu erfüllenden Funktionen wird nach /10/ der Begriff "Fügeverbindung" wie folgt definiert:

*Eine Fügeverbindung ist die materielle Verwirklichung der für die Funktionserfüllung durch das gefügte Erzeugnis notwendigen Einschränkung der Freiheitsgrade zwischen den Fügeflächen des Einzelteiles oder der Einzelteile dieses Erzeugnisses.*

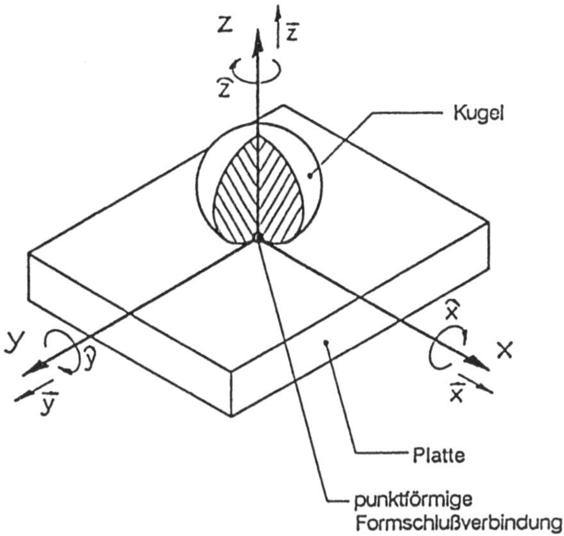


**Bild 3.**  Schema der 12 möglichen vorzeichenbehafteten translatorischen und rotatorischen Freiheitsgrade zwischen den Fügeflächen - dargestellt am Beispiel einer punktförmigen Formschlußverbindung "Kugel-Platte"

Das bedeutet auch, daß erst bei der Einschränkung zumindest eines von den 12 möglichen translatorischen und rotatorischen Freiheitsgraden eine Fügeverbindung realisiert ist. Dazu müssen die Fügeflächen also mindestens in einem Punkt z. B. mechanisch kontaktieren (siehe Bild 3.). Dieser Kontakt ist das erste und damit auch unbedingt notwendige Wesensmerkmal jeder Fügeverbindung.

## 2.2  Zum Begriff "Elementare Fügeverbindung"

Alle traditionellen Fügeverbindungen wie z. B. Kleb-, Löt-, Schrauben-, Schnapp-, Preß- oder Nietverbindungen sind elementare Fügeverbindungen. Das erklärt sich daraus, daß sie weder gedanklich noch real in andere und einzeln für sich existierende Verbindungen getrennt werden können. In ähnlicher Weise wurde dieser Begriff auch schon in /27/ gebraucht.

Dort wurden z. B. bewegliche Verbindungen in Form von speziellen Gelenken als aus mehreren Elementargelenken" zusammengesetzt angesehen.

Dementsprechend können alle elementaren Fügeverbindungen wie folgt definiert werden:

> *Eine elementare Fügeverbindung ist dadurch gekennzeichnet, daß sie nicht in andere einzeln für sich existierende Fügeverbindungen getrennt werden kann.*

Diese Betrachtung ist von grundsätzlicher Bedeutung für die Entwicklung und Anwendung kombinierter Fügeverbindungen. Im vorliegenden Buch wurde das auch durchgehend berücksichtigt. So sind z. B. die traditionellen Preßverbindungen von Wellen mit Naben nicht zu den kombinierten Fügeverbindungen zu zählen, obwohl in ihnen der Kraftschluß über einen Formschluß (Mantelfläche der Welle - Oberfläche der Bohrung in der Nabe) realisiert wird. Es liegt eindeutig eine elementare kraftschlüssige Fügeverbindung vor.

Das gilt u. a. auch für Warmnietverbindungen, die auch den elementaren kraftschlüssigen Fügeverbindungen zuzuordnen sind, obwohl in ihnen bei einer axialen Beanspruchung alleine der durch die Nietköpfe gewährleistete Formschluß wirkt (siehe z. B. /28/). Dagegen trägt bei der Querkraftbeanspruchung jedoch auch der beim Warmnieten entstandene Kraftschluß. Dieser hier beschriebene Sachverhalt wurde bereits in /26/ durch folgende Formulierung berücksichtigt:

> "In den einzelnen Richtungssinnen werden bei unterschiedlichen Verbindungen durchaus verschiedene Schlußarten wirksam".

Örtlich abweichende, d. h. heterogene Verbindungseigenschaften sind jedoch nicht nur durch das Wirken unterschiedlicher Schlußarten, sondern auch bei ein und derselben Schlußart in einer Fügeverbindung möglich. So entsprechen z. B. in mit Silberlot gefertigten Hartlötverbindungen von Kupfer mit Stahl solche wichtigen Eigenschaften wie Korrosionsbeständigkeit, Härte oder Festigkeit der Lötverbindung auf der Kupferseite nicht denen auf der Stahlseite. Das Eigenschaftsfeld dieser elementaren Lötverbindung ist also auch heterogen.

Allen hier angeführten Beispielen ist gemeinsam, daß die funktionsbestimmenden Eigen-- schaften der elementaren Fügeverbindungen in verschiedenen Beanspruchungsrichtungen und/oder Verbindungsbereichen unterschiedlich groß sind. Das Vorhandensein eines solchen heterogenen Eigenschaftsfeldes ist aber dennoch kein die Einordnung der Fügeverbindung bestimmendes Merkmal. Es ist damit auch kein Wesensmerkmal für die kombinierten

Fügeverbindungen. Sowohl elementare, als auch kombinierte Fügeverbindungen können sich durch heterogene Eigenschaftsfelder auszeichnen.


## 2.3  Zum Begriff "Kombinierte Fügeverbindung"

Die Vielfalt der bekannten elementaren Fügeverbindungen wird heute durch eine zunehmende Zahl von kombinierten Fügeverbindungen ergänzt, in denen unterschiedlich viele elementare Fügeverbindungen gemeinsam wirken. *Die Zahl der in einem Anschluß gemeinsam und gleichzeitig wirkenden Fügeverbindungen ist also das Hauptmerkmal zur Unterscheidung der kombinierten von den elementaren Fügeverbindungen.*

In diesem Zusammenhang soll die in Bild 4. dargestellte Rohr-Rohr-Verbindung betrachtet werden.

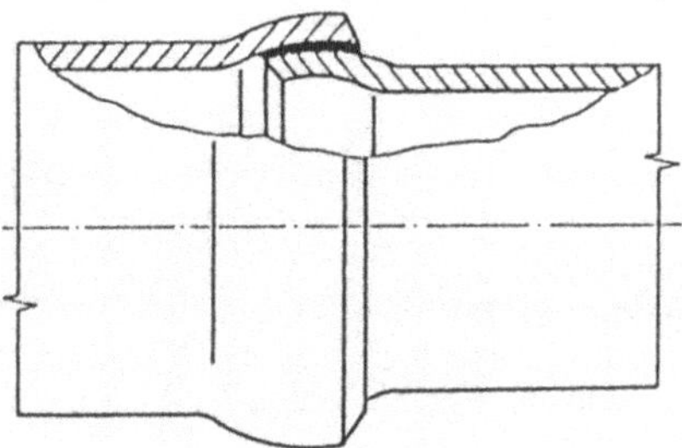


**Bild 4.**  Elementare stoffschlüssige Rohr-Rohr-Lötverbindung mit einem speziell gestaltetem Lötstoß nach /29/


Zur Verbesserung insbesondere der dynamischen Festigkeit wurde die in /29/ patentierte Lötverbindung mit einer durch Aufweiten speziell gestalteten Fügestelle ausgeführt. Trotzdem wirkt in diesem Anschluß jedoch keine zusätzliche Formschlußverbindung, da in axialer Richtung ja trotzdem keine z. B. durch Innendruck bedingten Beanspruchungen zusätzlich übertragen werden können. Es handelt sich in diesem Falle tatsächlich also nur um eine elementare Lötverbindung mit einer speziellen Gestaltung der Fügestelle, die sich u. a. durch eine vergrößerte Verbindungsfläche auszeichnet.

Dagegen stellt die in Bild 5. gezeigte Rohr-Rohr-Verbindung tatsächlich eine kombinierte Fügeverbindung dar. Sie wird durch gemeinsames Aufweiten der beiden Rohrenden und anschließendes Schmelzschweißen gefertigt. Die derart hergestellte Aufweitverbindung (Formschlußverbindung) kann zusätzlich zu der eigentlichen Schweißverbindung (Stoffschlußverbindung), die neben der Grundfestigkeit auch die Dichtheit gewährleistet, ebenfalls axiale Beanspruchungen übertragen.

In einem derartigen Anschluß wirken also zwei elementare Fügeverbindungen gemeinsam und die Formschlußverbindung unterstützt bzw. ergänzt die Eigenschaften der Stoffschlußverbindung. Es ist unter diesen Bedingungen also eindeutig eine kombinierte Schweiß-Formschluß-Verbindung hergestellt worden.

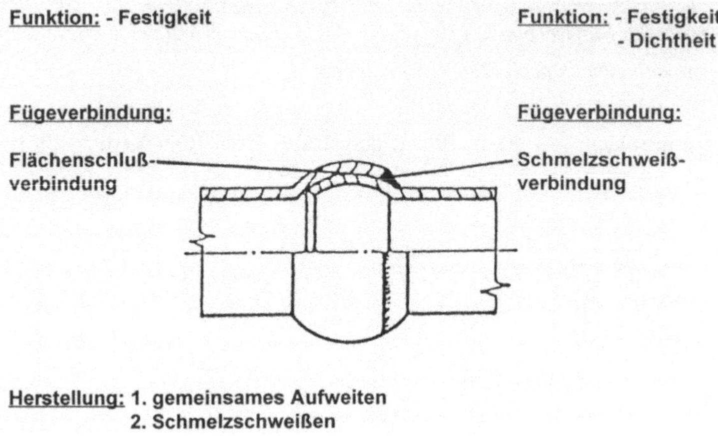


**Bild 5.**  Kombinierte Schmelzschweiß-Flächenschluß-Verbindung nach /30/

In einer kombinierten Fügeverbindung muß also mehr als eine elementare Verbindung enthalten sein. Das ist zwar eine notwendige, aber noch nicht ausreichende Bedingung. Bei Vorhandensein von mehr als einer elementaren Fügeverbindung in einem Anschluß ist zusätzlich zu beachten, ob die funktionsbestimmenden Eigenschaften dieser elementaren Fügeverbindungen an dieser Stelle auch zumindest teilweise zusammenwirken. Nur wenn das zutrifft, bildet die Gesamtheit der vorhandenen elementaren Fügeverbindungen zweifelsfrei auch eine kombinierte Fügeverbindung.

Der Erläuterung dieses Sachverhalts kann eine andere und in Bild 6. dargestellte Rohr-Rohr-Verbindung dienen Die Funktion dieser Baugruppe erfordert eine dichte sowie statisch und dynamisch feste Fügeverbindung zwischen zwei Rohren. Zuerst wurde eine traditionelle Lötverbindung hergestellt. Dichtheit und statische Festigkeit konnten damit sicher gewährleistet werden. Die Lötverbindungen zeigten aber eine unzureichende Dauerfestigkeit bei einer Wechselbiegebeanspruchung. Deshalb wurde durch eine entsprechende mechanische Bear-

beitung des dickwandigeren Außenrohres zusätzlich in Nähe der Lötverbindung eine flächen-
förmige Formschlußverbindung als zweite elementare Fügeverbindung angeordnet (Bild 6 a.).

**a)**

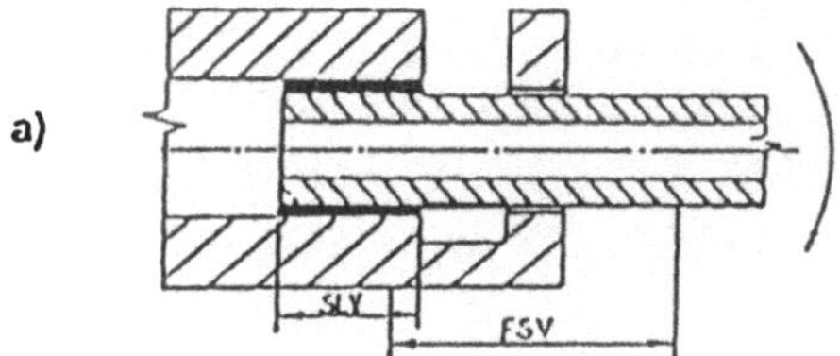




**b)**

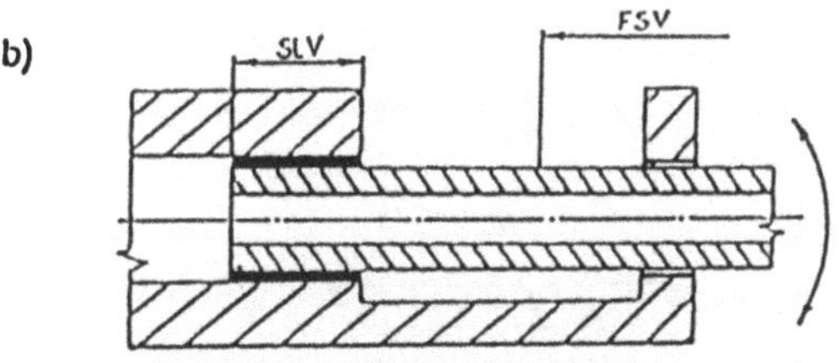


SLV - Schmelzlötverbindung
FSV - Flächenschlußverbindung

**Bild 6.** Unterschiedliche Rohr-Rohr-Verbindungen:
a. kombinierte Löt-Formschluß-Verbindung
b. elementare Lötverbindung und elementare Formschlußverbindung

Mittels dieser zusätzlichen Formschlußverbindung wurde die elementare Lötverbindung von der betriebsbedingten dynamischen Wechselbeanspruchung durch Biegung weitestgehend entlastet. Also wirkten die Eigenschaftsfelder dieser beiden elementaren Fügeverbindungen gemeinsam in diesem Anschluß. Sie bildeten damit in ihrer Gesamtwirkung eine kombinierte Fügeverbindung. Wird aber der Abstand zwischen diesen beiden elementaren Füge-verbindungen zu groß gewählt (Bild 6 b.), dann wird die Lötverbindung wiederum durch die dynamische Biegebelastung beansprucht. Es wirken damit also zwei voneinander unabhängige elementare Fügeverbindungen, die in ihrer Gesamtheit keine kombinierte Fügeverbindung darstellen.

Das Vorhandensein von mehreren Fügeverbindungen in den Anschlüssen von Bauteilen oder Baugruppen muß also nicht in jedem Falle zwangsläufig zu kombinierten Fügeverbindungen führen. Erst wenn zur angestrebten Übereinstimmung des vorhandenen mit dem erfor-derlichen Eigenschaftsfeld mehrerer elementare Fügeverbindungen zusammenwirken, bilden sie tatsächlich auch eine kombinierte Fügeverbindung.

In diesem Zusammenhang ist zu beachten, daß z. B. bei der Anwendung von Fügehilfen nicht immer auch kombinierte Fügeverbindungen entstehen. Das ist nur dann der Fall, wenn sie nicht nur zur Positionierung und Fixierung der Einzelteile während der Vormontage dienen, sondern auch zur Erfüllung bestimmter Funktionseigenschaften beitragen /10/.

So kann man aus der Anwendung von punktgeschweißten Heftfolien vor dem Löten (Bild 7., linkes Schema) nicht schließen, daß es sich hier um eine kombinierte Schweiß-Löt-Verbindung handelt. Diese Hefter haben einen nur unbedeutenden Einfluß auf die Eigenschaften der Lötverbindung und werden daher auch nicht bei der Berechnung der Verbindungsfestigkeit berücksichtigt. Eine derartige Fügeverbindung ist also eindeutig eine elementare Lötverbindung.

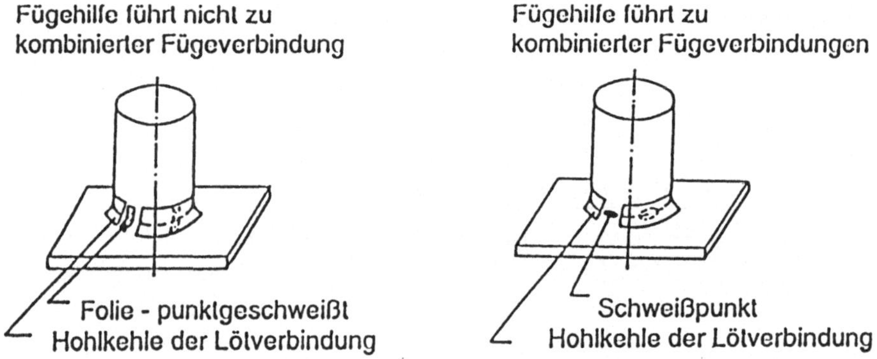

**Bild 7.**  Unterschiedliche Arten von Fügehilfen:
links - elementare Lötverbindung mit Positionierfolien, rechts - kombinierte Schweiß-Löt-Verbindung mit Widerstandsschweißpunkten

Dagegen können z. B. Heftpunkte, die vor dem Löten durch Widerstands-Buckelschweißen hergestellt werden, alleine für die statische Festigkeit der Fügeverbindung maßgebend sein. Die im gleichen Anschluß ebenfalls angeordnete Lötverbindung gewährleistet dagegen zusätzlich die dynamische Festigkeit und Korrosionsbeständigkeit (Bild 7., rechtes Schema). Damit handelt es sich hier zweifelsfrei um eine kombinierte Schweiß-Löt-Verbindung.

Aus den o. a. Beispielen und Überlegungen kann also folgende Definition abgeleitet werden:

*Eine kombinierte Fügeverbindung ist dadurch gekennzeichnet, daß in ihr mehrere elementare Fügeverbindungen vorhanden sind, deren Eigenschaftsfelder zumindest teilweise zusammenwirken.*

# 3 Zur Anwendung von kombinierten Fügeverbindungen

## 3.1 Beispiele für kombinierte Fügeverbindungen

Kombinierte Fügeverbindungen werden in der Regel auf der Grundlage üblicher Schrauben-, Preß-, Schweißverbindungen usw. erarbeitet. Sie ergänzen diese traditionellen elementaren Fügeverbindungen durch ihre neuartigen Eigenschaften. Bis heute sind die kombinierten Fügeverbindungen in den bekannten und z. T. auch genormten Klassifikationen, Systematiken und Einteilungen kaum berücksichtigt.

Dagegen finden sich in relativ vielen Veröffentlichungen schon ähnliche Begriffe und vor allem aber konkrete Verbindungsbeispiele:

- in /28/ werden Querkeilverbindungen bzw. vorgespannte Formschlußverbindungen und auch bestimmte Schraubenverbindungen als *"Formschluß-Kraftschlußverbindungen"* bezeichnet;
- vorgespannte Formschlußverbindungen (z. B. mit Keilen) werden auch in /30/ als *"kraftschlüssige-formschlüssige Verbindungen"* genannt;
- in /30/ werden auch Ausführungen zum *"Kombinieren von Kleben mit Nieten"* bzw. von *"Kleben mit Punktschweißen"* und zu *"kombinierten Klebverbindungen mit Nietverbindungen und Punktschweißverbindungen"* gemacht und außerdem wird der Begriff *"kombinierte Verbindungen"* gebraucht;
- in /31/ werden *"kombinierte Schweiß- und Schraubenverbindungen"* und *"Verbindungskombination"* wie z. B. *"Kleben mit Punktschweißen"* betrachtet und auch der Begriff *"kombinierte Verbindungen"* verwendet;
- für Translationsführungen werden in /26/ als bewegliche Verbindungen sogenannte *"kombinierte Paarungen"* angeführt;
- in /22/ werden solche kombinierten Fügeverbindungen wie *"Schrumpfpassung mit Klebstoff"*, *"Preßpassung mit Klebstoff"*, "Gleitpassung mit Klebstoff", *"Gleitpassung mit Keil und mechanischer Sicherung"* sowie *"Gleitpassung mit Keil und Klebstoff"* genannt;
- auf der 1991 durchgeführten VDI-Tagung "Fügetechniken im Vergleich" /32/ wurde u. a. über solche kombinierte Fügeverbindungen wie *"Klebverbindung mit Schrumpfsitz"*, *"Klebverbindungen mit Preßsitz"*, *"formschlußunterstützter Kraftschluß"* sowie *"kraftschlußunterstützter Formschluß"* berichtet;

❑  in dem russischsprachigem Nachschlagewerk zu Verbundwerkstoffen /1/ wird in dem Abschnitt "Fügen von Verbundwerkstoffen" speziell auf solche *"Kombination von Verbindungen"* und *"kombinierte Verbindungen"* hingewiesen, wobei als Varianten das *"Kleben mit Schrauben"*, *"Kleben mit Nieten"*, *"Kleben mit Gewindestiften"* , die *"Kleb-Nietverbindung"*, *"Stift-Schraubenverbindung"*, *"Schrauben-Nietverbindung"*, *"Stift-Paß-federverbindung"*, *"Kleb-Schraubenverbindung"* sowie auch die *"geklebte mechanische Verbindung"* beschrieben werden.

Diese aus der Fachliteratur zusammengestellte und sicherlich unvollständige Übersicht zeigt, daß die kombinierten Fügeverbindungen bereits relativ oft beschrieben und somit auch häufig angewendet werden. Dabei finden für ein und dieselbe Verbindung allerdings oft unterschiedliche Begriffe Verwendung.

## 3.2  Gründe für die Anwendung kombinierter Fügeverbindungen

Die Analyse der doch unerwartet großen Zahl von bereits veröffentlichten und angewendeten Lösungen sowie eigene theoretische und praktische Untersuchungen (siehe z. B. /8 - 10/ sowie /33 - 50/) lassen unterschiedliche Gründe für die Entwicklung und den Einsatz kombinierter Fügeverbindungen erkennen. Die wichtigsten werden hier kurz beschrieben:

1.  Neuentwickelte Konstruktions- und Funktionswerkstoffe (z. B. Keramik, Verbund-werkstoffe, Hochtemperaturlegierungen) zeichnen sich besonders beim stoffschlüssigen Fügen u. a. oft durch ihre ungenügende Fügbarkeit (Schweißbarkeit und Lötbarkeit) aus. Ähnliche Probleme entstehen auch beim Fügen solcher artfremder Werkstoffe wie z. B. Keramik, Metall, Glas usw. miteinander. Hier gewährleistet die Anwendung der kom-binierten Fügeverbindungen häufig eine grundlegende Verbesserung dieser zum Fügen notwendigen Verarbeitungseigenschaft der Werkstoffe - sie dienen also der *Sicherung der Fügbarkeit* (siehe Abschnitt 7, u. a. Beispiele 14 und 22).

2.  Die erforderliche *optimale Qualität* der Produkte verlangt sowohl von den eingesetzten Werkstoffen und Bauteilen, als auch von den dabei angewendeten Fügeverbindungen spezielle Eigenschaftsfelder. Sie müssen den immer höheren spezifischen Bean-spruchungen durch Kräfte, Momente, Beschleunigungen, korrosive Medien, thermische und/oder elektrische Felder, die zunehmend im Komplex wirken, über die gesamte vorgesehene Lebensdauer entsprechen. Hier bieten heute bestimmte kombinierte Füge-verbindungen oftmals die einzige Lösung, da die in einem Anschluß gleichzeitig wirkenden elementaren Fügeverbindungen über unterschiedliche und sich z. T. ergänzende Eigenschaften verfügen (siehe Abschnitt 7, u. a. Beispiele 1 und 19).

3. Die o. a. Produktqualität muß natürlich auch mit *minimale Kosten* gefertigt werden können. Diese Kosten ergeben sich aus den entsprechenden Aufwänden für die eingesetzten Stoffe, Energie, Anlagen, Bediener, Produktionshallen usw.. Auch hier erweisen sich nicht wenige kombinierte Fügeverbindungen von Vorteil gegenüber den üblichen elementaren Verbindungen. Das kann sich z. B. daraus ergeben, daß die angewendeten kombinierten Fügeverbindungen bei sonst gleichen Produkteigenschaften einen geringeren Materialverbrauch erforderlich machen (siehe Abschnitt 7, u. a. Beispiele 6 und 26).

4. In einigen extrem hochbeanspruchten und bei Schädigungen besonders bedeutenden Erzeugnissen werden in Sonderfällen unterschiedliche Fügeverbindungen auch deshalb kombiniert angewendet, *damit bei Versagen e i n e r elementaren Fügeverbindung die zusätzlich angeordnete Verbindung das weitere Funktionieren des gefügten Bauteils zumindest über einen bestimmten Zeitraum zuverlässig garantiert.* Damit können unerwünschte Folgeschäden weitestgehend eingeschränkt oder sogar verhindert werden (siehe Abschnitt 7, Beispiel 24).

# 4 Einteilung der „Kombinierten Fügeverbindungen" in Gattungen, Gruppen und Klassen

## 4.1 Notwendigkeit der Einteilung der Fügeverbindungen nach einheitlichen Merkmalen

Die bis hier dargestellten Beispiele zeigen, daß bereits heute eine große Zahl unterschiedlicher kombinierter Fügeverbindungen angewendet wird. Seit ca. 1975 wurden von den Autoren dieses Buches derartige Lösungen aus Literatur und Wirtschaft zielgerichtet nach einheitlichen Merkmalen erfaßt. Diese Arbeit wurde durch entsprechende Eigenentwicklungen solcher Fügeverbindungen (siehe z. B. /33 - 44, 47, 50/) auf diesem Gebiet ergänzt. Die vorliegende *Datenbank „Kombinierte Fügeverbindungen"* enthält z. Z. insgesamt über 200 konkrete Varianten.

Die Erarbeitung und zielgerichtete Nutzung dieser Datenbank hat dabei u. a. die Anwendung einheitlicher Merkmale erforderlich gemacht. Nur das ermöglicht z. B. die gezielte Auswahl (siehe Abschnitt 6) und Nutzung schon bekannter kombinierter Fügeverbindungen, wie es zur Lösung vieler wichtiger Industrieaufgaben notwendig war. Gleichzeitig konnten damit aber auch Regeln abgeleitet werden, die u. a. das Entwickeln neuer Verbindungskombinationen bedeutend erleichterten. Die für die zielgerichtete Arbeit notwendigen Merkmale unterteilen sich in Hauptmerkmale, Grundmerkmale sowie konstruktive und fertigungstechnische Merkmale.

Das *Hauptmerkmal* beinhaltet die entsprechende Gestaltungseigenschaft "Zahl und Wirkung der elementaren Fügeverbindungen". Die *Grundmerkmale* berücksichtigen einerseits die "relative Beweglichkeit der Fügeteile" und andrerseits das "Fügewirkprinzip". Diese Merkmale dienen zur Einteilung der kombinierten Fügeverbindungen in *Gattungen* bzw. in die entsprechenden *Gruppen* und *Klassen*.

Die *konstruktiven und fertigungstechnischen Merkmale* enthalten die entsprechenden Informationen zu den beim Fügen angewendeten Werkstoffen und den jeweiligen Fertigungs- bzw. Fügeverfahren. Mit ihrer Hilfe werden die *Arten* und *Typen* der kombinierten Füge- verbindungen unterschieden. Die *Untertypen* berücksichtigen die mögliche Anwendung von zusätzlichen Fügeelementen wie z. B. Schrauben, Stifte usw.

Auf die Besonderheiten der Arten, Typen und Untertypen der elementaren und damit auch der kombinierten Fügeverbindungen gehen die Autoren im vorliegenden Buch nicht weiter ein. Das erklärt sich aus der Fortsetzung der Arbeiten zu diesen Sachverhalten. Es muß aber an dieser Stelle unbedingt betont werden, daß gerade diese Einteilung nach einheitlichen Merkmalen die zielgerichtete Arbeit mit den kombinierten Fügeverbindungen erst möglich macht. *Deshalb wurde diese einheitliche Einteilung im 7. Abschnitt dieses Buches auch durchgängig zur Beschreibung der dort als Beispiele angeführten kombinierten Fügeverbindungen genutzt.*

## 4.2  Kombinierte Fügeverbindungen (Gattungen)

Ausgehend von den vorliegenden Erfahrungen (siehe auch die Beispiele im Abschnitt 2.3) erscheint es erforderlich, alle Fügeverbindungen anhand der Hauptmerkmale

> *Anzahl der elementaren Fügeverbindungen* und
>
> *Überdeckung der Eigenschaftsfelder*

in folgende zwei Gattungen einzuteilen (Bild 8.):

> 1. *elementare Fügeverbindungen* und
>
> 2. *kombinierte Fügeverbindungen.*

| *Fügeverbindungsgattungen* | Zahl der elementaren Fügeverbindungen | | |
|---|---|---|---|
| | = 1 | > 1 | |
| | | Eigenschaftsfelder überdecken sich | |
| | | nicht | zumindest teilweise |
| eine **elementare** Fügeverbindung | ▓ | | |
| mehrere **elementare** Fügeverbindunge | | ▓ | |
| eine **kombinierte** Fügeverbindung | | | ▓ |

**Bild 8.**  Hauptmerkmale zur Einteilung der Fügeverbindungen in die *Gattungen* "Elementare Fügeverbindungen" und "Kombinierte Fügeverbindungen"

## 4.3  Feste kombinierte Fügeverbindungen (Gruppen)

Die Eigenschaften der Fügeverbindungen werden maßgeblich von der Zahl der einge-
schränkten Freiheitsgrade mitbestimmt. Sind in einer Fügeverbindung nach diesem Grundmerkmal von den insgesamt 12 möglichen alle Freiheitsgrade eingeschränkt, dann sind auch
keine Relativbewegungen zwischen den Fügepartnern möglich. Derartige Fügeverbindungen
heißen in Anlehnung an /26/ *"feste Fügeverbindungen"*. In anderen Arbeiten werden diese
auch als "starre" bzw. als "verhältnismäßig starre" Verbindungen bezeichnet (siehe z. B. in
/28/).

Besonders der letzte Begriff weist berechtigt darauf hin, daß es praktisch keine absolut starren
bzw. festen Fügeverbindungen geben kann. Die angreifenden Betriebskräfte, aber auch die
unter irdischen Bedingungen stets wirkenden Gewichtskräfte führen immer zu einer gewissen
Relativbewegung zwischen den gefügten Partnern. Deshalb wurde in /26/ dazu folgendes auch
ausgeführt:

> "Die Relativbewegung bezieht sich nicht auf eventuelle elastische Verformungen,
> Wärmedehnungen, Quellungen usw.".

Diese durch die Wirkung der Betriebskräfte auf das gefügte Produkt möglichen Relativbewegungen in festen Fügeverbindungen sind in Bild 9 schematisch dargestellt.

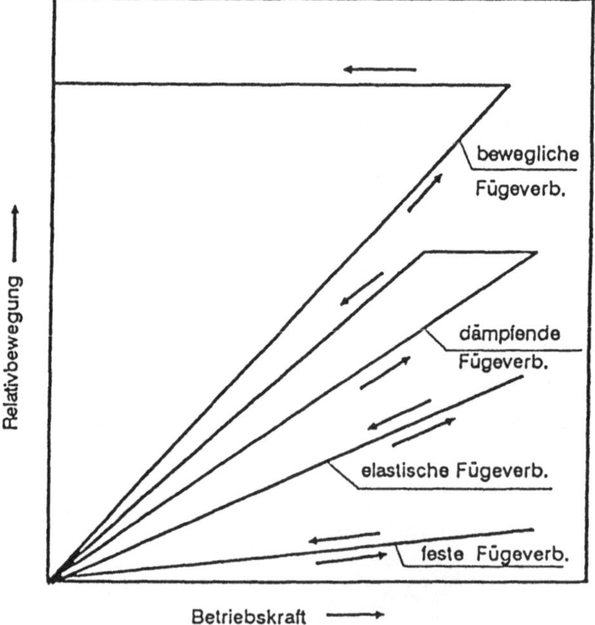


**Bild 9.** Schema der möglichen Relativbewegungen
in festen sowie nichtfesten
elastischen, dämpfenden
und beweglichen Füge-
verbindungen

Im gleichen Schema sind neben den festen auch die elastischen, dämpfenden sowie beweglichen Fügeverbindungen als "nichtfeste Fügeverbindungen" dargestellt. Die beweglichen Fügeverbindungen werden in der einschlägigen Literatur auch als "Führungen" oder "Gelenke" bezeichnet (siehe z.B. /27, 51/). In Ergänzung zu /26/ und unter Beachtung der Angaben in /28/ wurden in diesem Schema die elastischen und dämpfenden Fügeverbindungen zwischen den festen und beweglichen angeordnet sowie als Oberbegriff die Bezeichnung *"nichtfeste Fügeverbindungen"* genutzt. Bei diesen drei nichtfesten Fügeverbindungen sind also nicht alle Freiheitsgrade vollständig eingeschränkt.

*Im vorliegenden Buch werden nur die festen kombinierten Fügeverbindungen betrachtet.* Sie werden in diesem Zusammenhang wie folgt definiert:

> *Feste kombinierte Fügeverbindungen sind kombinierten Fügeverbindungen, in denen von 12 möglichen Freiheitsgraden der Relativbewegung zwischen den Fügeteilen kein einziger zugelassen ist.*

Somit können die Fügeverbindungen mittels des Grundmerkmals
> *Zahl der zugelassenen Freiheitsgrade*

in folgende zwei Gruppen unterteilt werden (Bild 10.):

> 1. *feste elementare und kombinierte Fügeverbindungen* sowie
> 2. *nichtfeste elementare und kombinierte Fügeverbindungen.*

Die Autoren haben in dieser Darstellung bewußt auf eine weitere detaillierte Unterteilung der elastischen, dämpfenden und beweglichen Fügeverbindungen anhand von Zusatzmerkmalen verzichtet. Entsprechend der o. a. Darstellung muß jedoch zumindest theoretisch zugelassen werden, daß auch diese Fügeverbindungen möglicherweise als kombinierte Fügeverbindungen realisierbar sind. Hinweise darauf sind z. B. in /27/ zu finden. Dort wurde z. B. bei der Systematisierung der Gelenke als eine Form der beweglichen Fügeverbindungen auch ausgeführt, daß bestimmte Gelenke aus mehreren „Elementargelenken" zusammengesetzt sein können. Die Klärung dieses Sachverhalt muß weiterführenden Arbeiten vorbehalten bleiben.

| *Fügeverbindungsgruppen* | Zahl der zugelassenen Freiheitsgrade | |
|---|---|---|
| | = 0 | > 0 |
| **feste** Fügeverbindunge | ▓▓▓ | |
| **nichtfeste** Fügeverbindunge | | ░░░ |

**Bild 10.** Grundmerkmal zur Einteilung der elementaren und kombinierten Fügeverbindungen in *Gruppen*

## 4.4   Nichtstoffschlüssige und stoffschlüssige kombinierte Fügeverbindungen (Klassen)

### 4.4.1 Anforderungen an kombinierte Fügeverbindungen

Kombinierte sind ebenso wie elementare Fügeverbindungen immer ein integraler Bestandteil projektierter und durch Fügen gefertigter technischer Produkte. An diese Produkte werden heute immer höhere und gleichzeitig auch komplexere Anforderungen gestellt. Diesen komplizierten Anforderungen müssen damit in gleichem Maße die in diesen Produkten vorhandenen Fügeverbindungen entsprechen. Zusätzlich müssen aber auch noch solche verbindungstypischen Anforderungen berücksichtigt werden wie z. B. eine ausreichende Fügbarkeit, Montierbarkeit, Lösbarkeit, Demontierbarkeit, Weiterverwertbarkeit von Verbindungselementen und viele andere.

In Anlehnung an /26/ können diese vielfältigen und unterschiedlichen Anforderungen an die kombinierten und elementaren Fügeverbindungen wie folgt beschrieben bzw. unterteilt werden:

- *funktionelle Anforderungen,*
- *technologische Anforderungen,*
- *wirtschaftliche Anforderungen* und
- *menschliche Anforderungen.*

Unabhängig davon, daß zwischen allen diesen Anforderungen enge Wechselbeziehungen und eine gegenseitige Beeinflussung vorliegen, *müssen die festen Fügeverbindungen jedoch primär den funktionellen Anforderungen optimal entsprechen.* So kann z. B. keine noch so kostengünstig demontierbare Welle-Nabe-Verbindung zur Anwendung kommen, wenn sie nicht der vorgegebenen Anforderung der Übertragung eines bestimmten Drehmomentes entspricht.

Jede einzelne Fügeverbindung ist nun durch einen bestimmten Komplex von entsprechenden Eigenschaften, Gebrauchswerten, Besonderheiten usw. gekennzeichnet. Im weiteren wird das zusammenfassend mit dem Begriff „*vorhandenes Eigenschaftsfeld*" beschrieben. In dem jeweiligen zu fügenden Bauteil ist andrerseits auch ein entsprechender Komplex dieser Eigenschaften, Gebrauchswerte und Besonderheiten, d. h. ein „*erforderliches Eigenschaftsfeld*" vorgesehen. Insbesondere der Konstrukteur hat letztlich in Zusammenarbeit mit dem Fertigungstechniker die Aufgabe, für das zu projektierende Produkt die bestmögliche Übereinstimmung des vorhandenen Eigenschaftsfeldes einer auszuwählenden Fügeverbindung mit dem erforderlichen Eigenschaftsfeld des Produktes zu erzielen.

Der erreichte Grad der Übereinstimmung dieser Eigenschaftsfelder kann nun als *Verbindungswertigkeit* durch den Quotienten der vorhandenen Eigenschaften der jeweiligen Fügeverbindung zu den gleichartigen erforderlichen Eigenschaften des Grundwerkstoffs bewertet werden. Die Verbindungswertigkeit sollte in der Regel den Wert „1" anstreben (siehe Bild 11. auf Seite 22).

Infolge der ständigen Weiterentwicklung der modernen Produkte erweist es sich nun immer öfter, daß das vorhandene Eigenschaftsfeld einer ansich günstigen elementaren Fügeverbindung (z. B. Nietverbindung) nicht mehr in vollem Maße dem erforderlichem Eigenschaftsfeld der jeweiligen Bauteile entspricht. In diesem Falle könnte, wenn möglich, eine andere elementare Fügeverbindung ausgewählt werden. Ansonsten muß die elementare Fügeverbindung mit dem unzureichendem Eigenschaftsfeld durch das Eigenschaftsfeld einer anderen elementaren Fügeverbindung (z. B. Klebverbindung) unterstützt oder ergänzt werden. Eine derartige Vorgehensweise wird im weiteren an einigen ausgewählten Beispielen erläutert.

Es soll z. B. eine Welle-Nabe-Verbindung projektiert und hergestellt werden. Üblicherweise wird eine konventionelle bzw. elementare Preßverbindung ausgewählt, die durch Längs- oder Querpressen hergestellt werden kann. Die Berechnung soll nun ergeben, daß die für den notwendigen Wellendurchmesser konstruktiv zur Verfügung stehende Einsecklänge in der Nabe nicht zur Übertragung der wirkenden Momente ausreicht (Bild 12., linkes Schema).

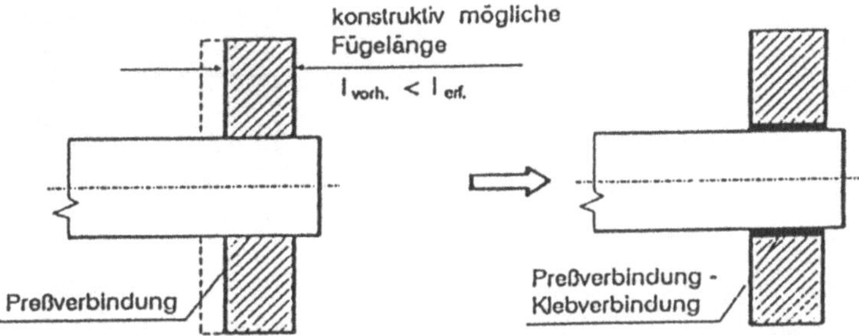


**Bild 12.**    Übergang von einer elementaren Preßverbindung zu einer kombinierten Kleb-Preß-Verbindung

Aus verschiedenen Veröffentlichungen (siehe z. B. /52/) ist aber bekannt, daß die Anwendung einer zusätzlichen Klebverbindung u. a. die Tragfähigkeit von solchen konventionellen Preßverbindungen erhöhen kann.

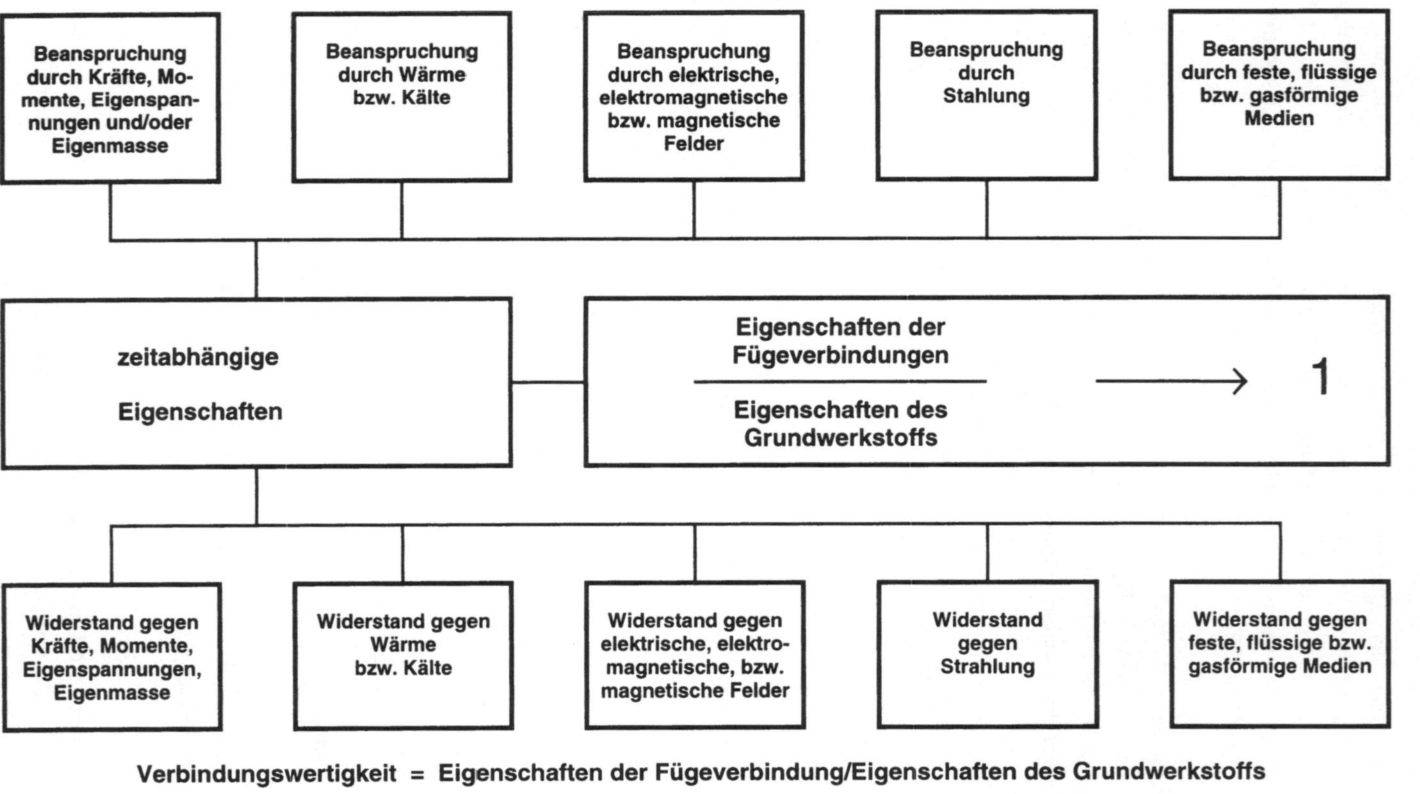


**Bild 11**   Verbindungswertigkeit von elementaren und kombinierten Fügeverbindungen nach /10/

Damit kann von der üblichen elementaren Preßverbindung zielgerichtet zu einer *geklebten Preßverbindung* gewechselt werden (Bild 12., rechtes Schema). Es wird also eine kombinierte Fügeverbindung angewendet, in der der Kraftschluß jetzt durch einen Stoffschluß gezielt unterstützt ist! Eine andere kombinierte Welle-Nabe-Verbindung ist z. B. die *gelötete Preßverbindung*. Sie zeichnet sich neben der ebenfalls erhöhten Tragfähigkeit auch dadurch aus, daß diese Eigenschaft sich nach /35, 37/ u. U. mit steigender Einsatzdauer noch verbessern kann.

Nun besitzen alle festen kombinierten Fügeverbindungen die o. a. funktionsbestimmende Haupteigenschaft, daß alle Freiheitsgrade eingeschränkt sind. Das kann bekannterweise durch eine der drei möglichen Schlußarten und zwar durch einen *„Formschluß"*, *„Kraftschluß"* oder aber *„Stoffschluß"* gewährleistet werden. Da die kombinierten Fügeverbindungen durch das Zusammenwirken von mindestens zwei elementaren Fügeverbindungen gebildet werden, müssen also zuerst die elementaren form-, kraft- und stoffschlüssigen Fügeverbindungen beschreibbar und auch unterscheidbar sein. Erst unter dieser Voraussetzung können der Charakter von kombinierten Fügeverbindungen und ihr vorhandenes Eigenschaftsfeld korrekt beurteilt werden.

Die Unterscheidung der verschiedenen Schlußarten in den elementaren bzw. kombinierten Fügeverbindungen ist am sichersten über den Wirkmechanismus beim Fügen möglich. Das führt gleichzeitig auch zu einer für die Beurteilung der kombinierten Fügeverbindungen nutzbaren Beschreibung der Eigenschaftsfelder der einzelnen elementaren Fügeverbindungen.

## 4.4.2  Unterschiede beim Fertigen von form-, kraft- und stoffschlüssigen Fügeverbindungen

Die oft recht unerwarteten Eigenschaften der kombinierten Fügeverbindungen resultieren aus dem gemeinsamen Widerstand der entsprechenden elementaren Fügeverbindungen gegenüber den wirkenden Beanspruchungen (siehe Bild 11.). Viele wichtige Eigenschaften der einzelnen elementaren Fügeverbindungen werden neben den Werkstoffkennwerten insbesondere vom jeweiligen Wirkmechanismmus beim Fügen mitbestimmt. Daraus erklären sich auch die Unterschiede zwischen den form-, kraft- und stoffschlüssigen Fügeverbindungen. Deshalb lassen sich alle festen elementaren und auch kombinierten festen Fügeverbindungen anhand des spezifischen Grundmerkmals

*Fügewirkprinzip*

in die folgenden drei Klassen einteilen (Bild 13. und 14.):

1.   *formschlüssige Fügeverbindungen* (Formschlußverbindungen),
2.   *kraftschlüssige Fügeverbindungen* (Kraftschlußverbindungen) und
3.   *stoffschlüssige Fügeverbindungen* (Stoffschlußverbindungen).

| Füge-verbindungs-klassen | Fügewirkprinzip | | |
|---|---|---|---|
| | mechanischer Kontakt der Stoffe | Kraftwechsel-wirkung zw. den Stoffen | Vereinigung der Stoffe |
| **form-schlüssige** Füge-verbindung | | | |
| **kraft-schlüssige** Füge-verbindung | | | |
| **stoff-schlüssige** Füge-verbindung | | | |

**Bild 13.**  Spezifisches Grundmerkmal zur Einteilung der elementaren und kombinierten Fügeverbindungen in die *Klassen* "Formschlußverbindungen, "Kraftschlußverbindungen" und "Stoffschlußverbindungen"

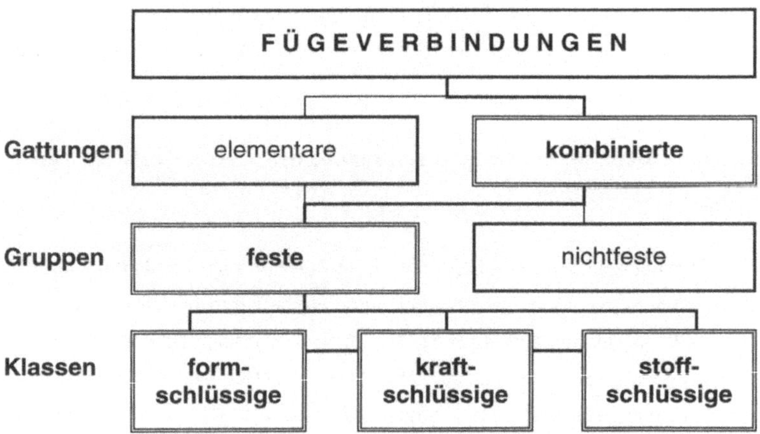


**Bild 14.**     Einteilung der Fügeverbindungen in *Gattungen*, *Gruppen* und *Klassen*

Die *formschlüssigen Fügeverbindungen* entstehen infolge der Herstellung des „mechanischen Kontakts" zwischen den Fügeflächen der zu verbindenden Bauteile. Es findet weder eine physikalische Bindung, noch eine chemische Wechselwirkung zwischen den Atomen bzw. Molekülen der Werkstoffe statt.

Dieser Kontakt kann im unbelasteten Zustand allein durch das Wirken der Schwerkraft aufrechterhalten werden. Ansonsten wird er durch die zu übertragenen Kräfte u/o Momente gewährleistet.

Als einige Beispiele für formschlüssige Fügeverbindungen sollen hier folgende genannt werden:

| | | |
|---|---|---|
| Biegeverbindung | Klipsverbindung | Renkverbindung |
| Blindnietverbindung | Lappenverbindung | Schnappverbindung |
| Bördelverbindung | Mitnehmerverbindung | Sickenverbindung |
| Falzverbindung | Nietverbindung | Splintverbindung |
| Federverbindung | Paßfederverbindungen | Spreizverbindungen |
| Keilwellenverbindungen | Polygonwellenverbind. | Stiftverbindungen |

In dieser unvollständigen Übersicht ist z. B. bei den genannten Nietverbindungen zu beachten, daß es sich in diesem Falle in der Regel um mittelbar (unter Nutzung von Nieten) oder unmittelbar durch Stauchen (z. B. eines Zapfens an einem Bauteil) im kalten Zustand hergestellte "feste Kaltnietverbindungen" handelt. Nicht betrachtet wurden die nichtfesten, also die losen und damit verschiebbaren oder drehbaren Nietverbindungen. Ähnliche Überlegungen gelten auch für die unterschiedlichen Schraubenverbindungen.

Die in verschiedenen Arbeiten beschriebenen *"vorgespannten Formschlußverbindungen"* (siehe u. a. /28, 31, 32/) sind entweder eindeutig den Kraftschlußverbindungen (wie z. B. Drahtwickel-, Querkeil-, Schrumpflaschen- oder Schrumpfringverbindungen) oder aber genauso eindeutig den kombinierten Fügeverbindungen zuzuordnen. So sind z. B. Kegelstift- und Spannhülsenverbindungen kombinierte Formschluß-Kraftschluß-Verbindungen. Ihre Nutzung führt zur Kostensenkung in der Fertigung, da das aufwendige Einpassen durch einfaches Bohren ersetzt wird. Dagegen sind solche vorgespannten Formschlußverbindungen wie Kerbnägel-, Knebelkerb-, Längskeil- oder Stellkeilverbindungen kombinierte Formschluß-Kraftschluß-Verbindungen, wo der entsprechende Kraftschluß zur Lagesicherung dient. Damit wird die erforderliche optimale Qualität der Fügeverbindungen gewährleistet.

Die *kraftschlüssigen Fügeverbindungen* werden so gefertigt, daß über die sich im mechanischen Kontakt befindenden Fügeflächen eine ständige „Wechselwirkung von Kräften" in Form einer von Außen aufgebrachten Pressung aufgebaut wird. Das überführt den zuerst rein mechanischen Kontakt einer Formschlußverbindung in den physikalischen Kontakt der Kraftschlußverbindung. Dadurch ist für metallische Werkstoffe zwar schon ein Austausch von Elektronen, aber in der Regel noch kein Platzwechsel der Werkstoffatome möglich. Für solche Kraftschlußverbindungen können folgende Beispiele angeführt werden:

| | | |
|---|---|---|
| Dehnverbindung | Kegelpreßverbindung | Nietverbindung |
| Dichtnietverbindung | Keilverbindung | Querpreßverbindung |
| Drucköolpreßverbindung | Klemmverbindung | Schraubenverbindung |
| Dübelverbindung | Längspreßverbindung | Schrumpfverbindung |

Auch diese Übersicht erhebt keinen Anspruch auf Vollständigkeit. Die angeführten Niet-verbindungen werden hier durch Stauchen im vorgewärmten Zustand der Niete als mittelbare "feste Warmnietverbindungen" gefertigt. Für sie sind dadurch entsprechende Schrumpf-spannungen in der Längsachse der Nietverbindungen charakteristisch.

Die *stoffschlüssigen Fügeverbindungen* setzen bei ihrer Herstellung solch große Wechsel-wirkungen im Kontakt der Fügeflächen voraus, daß die „Stoffvereinigung" erfolgt. Der vorhandene und zuerst noch mechanische bzw. physikalische Kontakt wird also dadurch zielgerichtet und zweckentsprechend in einen chemischen Kontakt überführt. Die Oberflächen haben sich auf den kleinstmöglichen Abstand genähert. Die elektro-magnetischen Ab-stoßungs- und Anziehungskräfte befinden sich hierbei im Gleichgewicht. In Abhängigkeit von den kontaktierenden Werkstoffen entstehen beim Stoffvereinigen entweder Adhäsions-verbindungen oder Kohäsionsverbindungen unterschiedlicher chemischer Bindung (Atom-, Ionen-, Metall-, Restvalenz- oder Mischbindung).

In Abhängigkeit von den angewendeten Grund- und Zusatzwerkstoffen sowie von den vorgegebenen technologischen Bedingungen finden beim stoffschlüssigen Fügen mehr oder weniger intensive atomare Platzwechselvorgänge statt. Diese beeinflussen entscheidend die Eigenschaften der jeweiligen Stoffschlußverbindungen.

Zu den stoffschlüssigen Fügeverbindungen zählen die vielen Schweiß-, Löt- und Klebverbindungen wie z. B.:

| | |
|---|---|
| Abbrenn-Stumpfschweißverbindung | Kaltklebverbindung |
| Buckelschweißverbindung | Keilschweißverbindung |
| Einschmelzverbindung | Preßschweißverbindung |
| Hartlötverbindung | Preß-Stumpfschweißverbindung |
| Hochtemperaturlötverbindung | Punktschweißverbindung |
| Kaltpreßschweißverbindung | Quetschnahtschweißverbindung |
| Klebverbindung | Reibschweißverbindung |
| Kondensator-Impuls-Schweißverbindung | Schmelzschweißverbindung |

Diese hier wiedergegebenen kurzen Übersichten zeigen deutlich, daß eine einheitlich und sinnvolle Einteilung der Fügeverbindungen für das Verständnis und die Nutzung der möglichen Klassen der kombinierten Fügeverbindungen unabdingbar ist.

Hierbei muß natürlich zusätzlich beachtet werden, daß in solchen neuartigen Fügeverbindungen miteinander zwei, drei oder auch mehr elementare Fügeverbindungen kombiniert wirken können. Man muß also dann entsprechend von binären, ternären usw. kombinierten Fügeverbindungen sprechen. Ausgehend davon ergeben sich damit insgesamt folgende 6 Klassen binärer kombinierter Fügeverbindungen (Bild 15.):

1.  *kombinierte Formschluß-Formschluß-Verbindungen,*
2.  *kombinierte Formschluß-Kraftschluß-Verbindungen,*
3.  *kombinierte Formschluß-Stoffschluß-Verbindungen,*
4.  *kombinierte Kraftschluß-Kraftschluß-Verbindungen,*
5.  *kombinierte Kraftschluß-Stoffschluß-Verbindunge*n und
6.  *kombinierte Stoffschluß-Stoffschluß-Verbindungen.*

| Elementare | formschlüssige | nichtstoff- |
|---|---|---|
| Füge- | kraftschlüssige | schlüssige |
| verbindungen | stoffschlüssige | stoff- |
| | stoff-stoff-<br>schlüssige | schlüssige |
| **Kombinierte** | stoff-kraft-<br>schlüssige | stoffschlüssige- |
| **Füge-** | stoff-form-<br>schlüssige | nichtschlüssige |
| **verbindungen** | kraft-kraft-<br>schlüssige | nicht- |
| | kraft-form-<br>schlüssige | stoff- |
| | form-form-<br>schlüssige | schlüssige |

**Bild 15.**  9 *Klassen* von elementaren und kombinierten Fügeverbindungen

In Ergänzung zu den bisher bei der Projektierung und Gestaltung von Bauteilen, Baugruppen und Produkten angewendeten drei Klassen von elementaren Form-, Kraft- und Stoffschlußverbindungen stehen dem Ingenieur damit schon zusätzlich alleine 6 Klassen binärer kombinierter Fügeverbindungen zur Auswahl. Wichtig ist in diesem Zusammenhang natürlich die Kenntnis der Haupteigenschaften der einzelnen elementaren Fügeverbindungen, die sich in einer kombinierten Fügeverbindung unterstützen oder ergänzen.

### 4.4.3   Funktionsbestimmende Haupteigenschaften unterschiedlicher Fügeverbindungen

*4.4.3.1 Festigkeit von Fügeverbindungen bei Raumtemperatur*

Technische Produkte müssen im einfachsten Fall zumindest immer die *Grundeigenschaft „Festigkeit"* gewährleisten. Deshalb müssen auch die in den entsprechenden Anschlüssen vorhandenen festen elementaren oder kombinierten Fügeverbindungen ebenfalls diese funktionsbestimmende Grundeigenschaft aufweisen.

Die Festigkeit der durch Eigenmasse u/o Betriebskräfte belasteten *Formschlußverbindungen* bestimmt sich zuerst durch die Volumenfestigkeit ihrer einzelnen Konstruktionselemente. Das ist z. B. die gegebene Scherfestigkeit bei Paßfederverbindungen oder die Biegefestigkeit bei Lappverbindungen. Außerdem kann aber auch die Oberflächenfestigkeit von Bedeutung sein. Als Beispiel hierfür kann die Lochleibung in Stiftverbindungen genannt werden.

Bei den belasteten *Kraftschlußverbindungen* bestimmt sich ihre Festigkeit ebenfalls aus der Volumenfestigkeit, wie z. B. über die Scherfestigkeit des Niets bei Nietverbindungen oder aber die Zugfestigkeit der Schrauben in zugbelasteten Schraubenverbindungen. Gleichzeitig muß im letzten Fall natürlich auch die Oberflächenfestigkeit im physikalischen Kontakt der Gewindeoberflächen entsprechend groß sein. Hier ist auch die zulässige Flächenpressung z. B. in den entsprechenden Preßverbindungen von großer Wichtigkeit.

Im Falle der *Stoffschlußverbindungen* muß zwischen Adhäsions- (Klebverbindungen) und Kohäsionsverbindungen (Schweiß- und Lötverbindungen) unterschieden werden. Für beide gilt, daß durch die beim Fügen realisierte Stoffvereinigung die ursprünglichen Fügeflächen als Oberflächen nicht mehr existieren. Dagegen sind in den Adhäsionsverbindungen, d. h. also Klebverbindungen diese Oberflächen in die entsprechenden Grenzflächen überführt worden.

Die Festigkeit von stoffschlüssigen Adhäsionsverbindungen resultiert deshalb nicht alleine aus der Festigkeit der Klebstoffschicht bzw. des Bauteilwerkstoffs, sondern insbesondere auch aus der jeweiligen Grenzflächen- oder Haftfestigkeit. Manchmal ist dabei die Haftfestigkeit in der Grenzfläche geringer als die Klebstoff- bzw. Werkstoffestigkeit und diese Grenzfläche ist das schwächste Glied in diesen Stoffschlußverbindungen.

In den stoffschlüssigen Kohäsionsverbindungen bilden sich derartige Grenzflächen nicht aus. Die entsprechenden Fügeoberflächen sind hier durch ein für den jeweiligen Werkstoff typisches und zumindest für Metalle in der Regel polykristallines Gefüge mit mehr oder weniger großen Kristalliten und sehr unterschiedlich orientierten Korngrenzen ersetzt worden.

Die Festigkeit von Kohäsionsverbindungen ist deshalb in der Regel nur von der Volumenfestigkeit, d. h. von der Korn- bzw. Korngrenzenfestigkeit der einzelnen Werkstoffbereiche in den Schweiß- und Lötverbindungen abhängig. Natürlich muß dabei das z. B. in den einzelnen Lötverbindungen vorhandene heterogene Eigenschaftsfeld berücksichtigt werden. Die wegen der im Vergleich zum Grundwerkstoff der Bauteile geringeren Festigkeit des Lötguts notwendige Vergrößerung der Lötfläche kann durch eine entsprechende geometrische Gestaltung der Fügestelle bei Überlapp- und Einsteckverbindungen relativ leicht gewährleistet werden.

Die hier kurz beschriebenen Aussagen zur Festigkeit der form-, kraft- bzw. stoffschlüssigen Fügeverbindungen sind in Bild 16. schematisch zusammengefaßt.

| Funktionsbedingte Grundeigenschaften | Elementare Fügeverbindungen | | |
|---|---|---|---|
| | formschlüssige | kraftschlüssige | stoffschlüssige |
| Festigkeit | | | |
| thermische Beständigkeit | | | |
| elektr./therm. Leitfähigkeit | | | |
| Dichtheit | | | |
| Korrosions-beständigkeit | | | |
| Sicherheit gegen Lösen | | | |
| Lösbarkeit | | | |

**Bild 16.**   Gegenüberstellung wichtiger Grundeigenschaften unterschiedlicher Füge-verbindungs-Klassen (hell schattiert - Eigenschaften sind teilweise oder von bestimmten Fügeverbindungen gegeben; dunkel schattiert -Eigenschaften werden von den Füge-verbindungen gewährleistet)

### 4.4.3.2 Temperaturbelastbarkeit von Fügeverbindungen

Fügeverbindungen müssen in der Regel neben der Festigkeit auch noch anderen spezifischen Eigenschaften entsprechen, was von den konkreten Betriebsbedingungen der technischen Produkte abhängt. Eine dieser spezifischen Eigenschaft ist die Funktionstüchtigkeit des Produkts und der in ihm vorhandenen Fügeverbindungen bei einer gegenüber der Raumtemperatur tieferen oder höheren Einsatztemperatur. Im Bild 16. wurde diese Eigenschaft mit dem Begriff *"thermische Beständigkeit"* beschrieben.

Die *Belastbarkeit der Fügeverbindungen bei tiefen Temperaturen* wird unabhängig von ihrer Schlußart in der Regel nur von den temperaturabhängigen Eigenschaften der Grund- und Zusatzwerkstoffe bestimmt. Von besonderer Wichtigkeit ist dabei das sich verändernde Verformungsvermögen dieser Werkstoffe, wobei z. B. Kohlenstoffstähle in der Regel zunehmend verspröden.

Bei Fügeverbindungen von Bauteilen aus verschiedenen *Werkstoffen mit unterschiedlichen thermischen Ausdehnungskoeffizienten* ist bei tieferen oder höheren Betriebstemperaturen zusätzlich mit Maß- und Formänderungen zu rechnen. Für reine Metalle mit kubischer Kristallstruktur zeigt dazu Bild 17 als Beispiel den Zusammenhang zwischen ihrer Schmelztemperatur und den entsprechenden thermischen Ausdehnungskoeffizienten. Sind also unterschiedliche Grund- bzw. Zusatzwerkstoffe miteinander gefügt, kann das bei tieferen oder auch höheren Temperaturen durch die unterschiedliche thermische Ausdehnung dieser Materialien in Formschlußverbindungen zur Aufhebung des mechanischen Kontakts und bei Kraftschluß-verbindungen zur Verringerung der Flächenpressung führen.

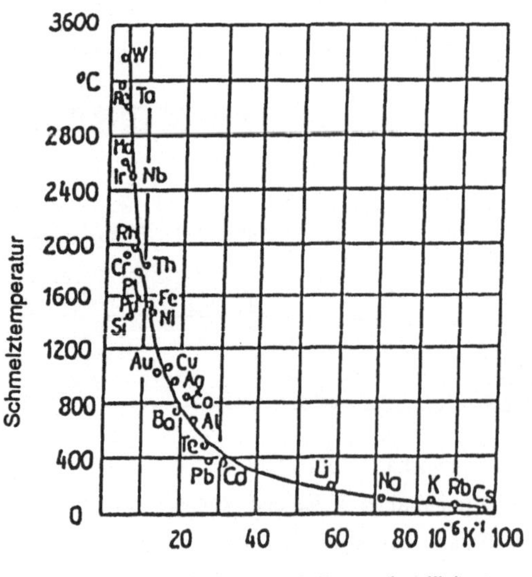


**Bild 17.**   Ausdehnungskoeffizienten und Schmelztemperaturen von reinen Metallen mit kubischer Kristallstruktur nach /53/

Dagegen entstehen in Stoffschlußverbindungen vorzugsweise entsprechende Spannungen und Verformungen. Solche Fügeverbindungen können dadurch letztlich versagen und ihre Funktionstüchtigkeit ist nicht mehr gegeben.

Noch andere Bedingungen gelten für die *thermische Beständigkeit der Fügeverbindungen bei erhöhten Temperaturen* - insbesondere bei Metallen. Dabei sind zuerst die sich bei Erwärmung verändernden Volumeneigenschaften der angewendeten metallischen Grund- und Zusatzwerkstoffe zu beachten. Liegen die Betriebstemperaturen von metallischen Werkstoffen unterhalb des kritischen Wertes von etwa 0,4 ihrer homologen Temperatur (Verhältnis der realen Temperatur zur Schmelztemperatur der Metalle), dann verändern sich ihre Festigkeitseigenschaften nur unwesentlich (Bild 18.). Alle form-, kraft- und stoffschlüssigen Fügeverbindungen können in diesem Temperaturbereich im allgemeinen unbedenklich eingesetzt werden.

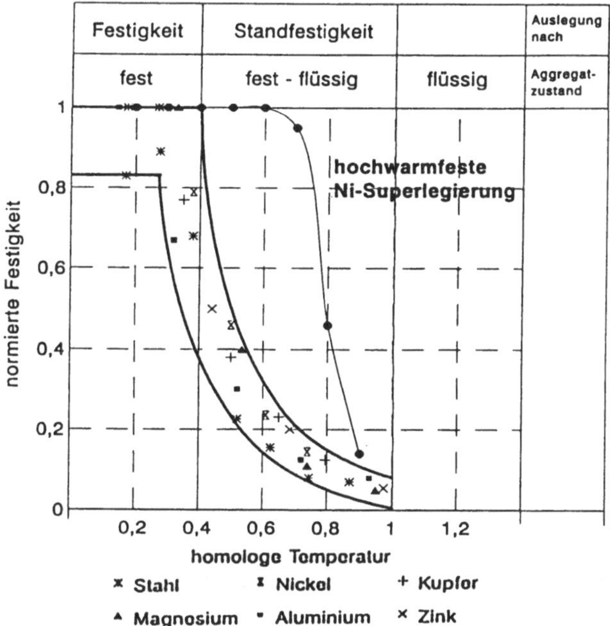


**Bild 18.**   Einfluß der homologen Temperatur auf die Festigkeit unterschiedlicher Metalle nach /54/

Liegen die Betriebstemperaturen der metallischen Werkstoffe dagegen über diesem o. a. kritischem Wert, der für Legierungen auch größer 0,4 werden kann, dann erfolgen in den Metallen intensive Diffusionsvorgänge. Mit steigender Temperatur nimmt dann ihre Festigkeit immer kleinere Werte an (Bild 18.).

Das führt dann unter bleibender Belastung zu den bekannten Kriechprozessen. In belasteten *Formschlußverbindungen* kann diese temperaturbedingte Eigenschaftsveränderung zu unzulässigen Verformungen führen. Bei *Kraftschlußverbindungen* sind dagegen auch schon bei etwas geringeren Temperaturen entsprechende Relaxationsprozesse möglich. Damit kann sich die Flächenpressung in ihnen unzulässig verringern.

Die unbedenklichen Betriebstemperaturen für *Stoffschlußverbindungen* hängen in starkem Maße auch von der Schmelz-, Erweichungs- bzw. Zersetzungstemperatur der verwendeten Zusatzwerkstoffe ab. Grundsätzlich gelten aber die o. a. Bedingungen und Besonderheiten. Für geschweißte oder gelötete Metallbauteile ergeben sich entsprechende Temperaturbereiche, in denen auch die vorhandenen Schweiß- oder Lötverbindungen nach unterschiedlichen Kriterien ausgelegt werden müssen (Bild 19.).

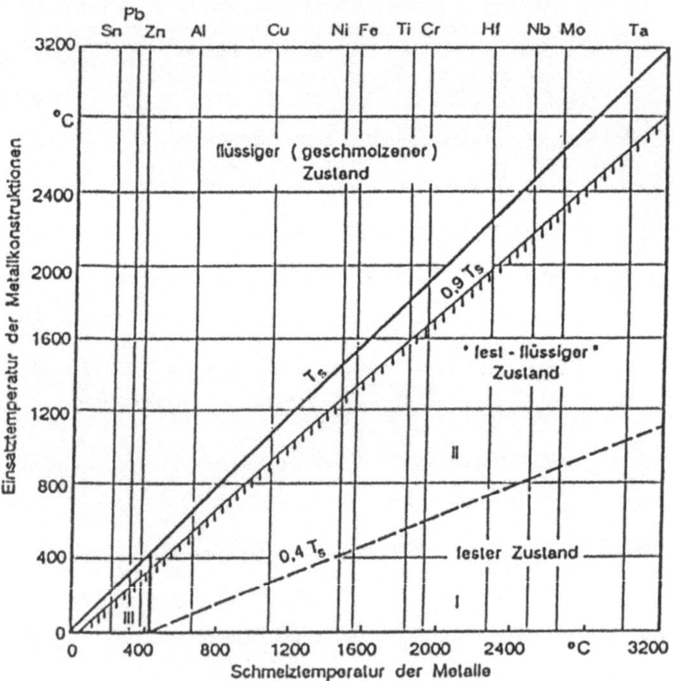


Auslegung der Konstruktion und der Fügeverbindungen
im Bereich: I - nach Festigkeit ( Bruchfestigkeit , Fließgrenze )
II - nach Standfestigkeit (Zeitstandsfestigkeit , Zeitdehnungsgrenze)
III - auch für Einsatz bei Raumtemperatur nach Standfestigkeit

**Bild 19.**   Temperaturbedingte Einsatzbereiche von Schweiß- und Lötverbindungen metallischer Werkstoffe /55/

### 4.4.3.3   *Elektrische und thermische Leitfähigkeit von Fügeverbindungen*

Eine weitere oftmals erforderliche Funktionseigenschaft von Produkten und damit auch von kombinierten sowie elementaren Fügeverbindungen ist eine entsprechend gute *elektrische bzw. thermische Leitfähigkeit* (Bild 16.). In diesem Falle müssen die Fügeverbindungen in den jeweiligen technischen Produkten entsprechende elektrische Signale oder Leistungen bzw. Wärmeströme zuverlässig übertragen. In anderen Anwendungen müssen sie dagegen einen ausreichend hohen elektrischen bzw. thermischen Isolationswiderstand haben.

*Formschlußverbindungen* sind dafür auf Grund ihrer großen und oftmals undefinierten elektrischen oder thermischen Widerstände prinzipiell nicht geeignet. Dagegen sind z. B. bestimmte *Kraftschlußverbindungen* bedingt anwendbar. Für die Übertragung von elektrischen Signalen werden sie sogar relativ oft genutzt, so u. a. in Form von lösbaren Steck- oder Klemmverbindungen. Die Übertragung von Wärmeströmen durch Kraftschluß-verbindungen ist problematisch, da die bei Erwärmung an Luft einsetzende und fortlaufende Oxidation der aneinandergepreßten Fügeoberflächen den Wärmewiderstand häufig unzulässig erhöht.

Geschweißte oder gelötete *Stoffschlußverbindungen* können in der Regel unbedenklich zur Anwendung kommen. Bei thermisch belasteten Lötverbindungen sind jedoch Lote mit entsprechend hohen Schmelztemperaturen auszuwählen oder isotherm erstarrte Löt-verbindungen mit erhöhter Auslöttemperatur anzuwenden. Traditionelle Klebverbindungen stellen elektrische und thermische Isolatoren dar. Nur durch die Anwendung von Füllstoffen mit einer ausgezeichneten elektrischen Leitfähigkeit (Leitkleber) können sie entsprechende elektrische Signale oder Wärmeströme übertragen.

### 4.4.3.4   *Dichtheit von Fügeverbindungen*

Sehr häufig müssen Fügeverbindungen nicht nur entsprechend fest sein, sondern sich auch durch Dichtheit gegenüber flüssigen oder gasförmigen Medien bei Unter-, Normal- oder Überdruck auszeichnen (Bild 16.). Das ist besonders bei Anlagen und Ausrüstungen für die Herstellung, Verarbeitung, Lagerung und den Transport von solchen Medien erforderlich. *Formschlüssige Fügeverbindungen* sind dafür nicht geeignet. Bei *Kraftschlußverbindungen* kann u. U. eine entsprechende Dichtheit gewährleistet werden. Oftmals ist dabei jedoch zusätzlich die Anwendung von speziellen Dichtelementen erforderlich.

Dagegen sind die *stoffschlüssigen Fügeverbindungen* bei Gewährleistung der notwendigen Verbindungsqualität - wie z. B. eine größtmögliche Porenfreiheit von Schweiß- und Löt-verbindungen - , unbedenklich einsetzbar.

Insbesondere bei der Anwendung von Löt- und Klebverbindungen ist natürlich ihre Verträglichkeit mit den entsprechenden Medien, d. h. ihre Korrosionsbeständigkeit zu gewährleisten.


### 4.4.3.5    *Korrosionsbeständigkeit von Fügeverbindungen*

Die Korrosionsbeständigkeit gewinnt als weitere funktionsbedingte Eigenschaft der Fügeverbindungen zunehmend an Bedeutung. Es bestehen dabei erhebliche Unterschiede zwischen den verschiedenen Fügeverbindungen (Bild 16.). Hier können sich die in der Regel unvermeidbaren Alterungsprozesse der Werkstoffe besonders ungünstig auswirken. Im allgemeinen sind bei Einwirkung von korrosiven Medien die *Formschlußverbindungen* nicht und die *Kraftschlußverbindungen* nur bedingt anwendbar. Das erklärt sich insbesondere aus einer frühzeitigen Schädigung z. B. durch Spaltkorrosion.

Bei den *Stoffschlußverbindungen* kann die notwendige Korrosionsbeständigkeit in den überwiegenden Fällen gewährleistet werden. Dabei müssen natürlich die chemische Zusammensetzung der Grund- und Zusatzwerkstoffe, aber auch die angewendete Fertigungstechnologie entsprechend berücksichtigt werden. Das ergibt sich aus den speziell beim thermischen Fügen durch Schweißen oder Löten ausbildenden Gefüge, Phasen und Eigenspannungen. Diese können die Korrosionsbeständigkeit wesentlich verringern. Klebverbindungen an Metallen zeichnen sich u. U. durch eine ausgezeichnete Korrosionsbeständigkeit aus. Ursache dafür ist das Fehlen der elektro-chemischen Potentiale zwischen dem Klebgut und den metallischen Einzelteilen. Voraussetzung ist natürlich die o. a. Verträglichkeit von Klebstoff und Korrosionsmedium.


### 4.4.3.6    *Sicherheit gegen unbeabsichtigtes Lösen von Fügeverbindungen*

Eine bestimmte Gruppe von Fügeverbindungen muß oftmals gegen unbeabsichtigtes Lösen unter Betriebsbeanspruchungen gesichert sein (Bild 16). *Formschlußverbindungen* verlangen dafür in der Regel spezielle Sicherungselemente. Aus diesem Grund werden diese Fügeverbindungen auch oft als sogenannte „vorgespannte Formschlußverbindungen" ausgeführt (siehe Abschnitt 4.4.2). Damit sind sie eigentlich schon zu den kombinierten Fügeverbindungen zu zählen.

Einige *Kraftschlußverbindungen* sind durch ihre konstruktive Gestaltung selbstsichernd (z. B. Nietverbindungen) und setzen keine Sicherungsmaßnahmen voraus. Dagegen sind andere Kraftschlußverbindungen in der Regel zusätzlich gegen unbeabsichtigtes Lösen zu sichern.

Dazu zählen in erster Linie die Schraubenverbindungen. Für sie ist bereits ein breites Feld von Verbindungskombinationen entwickelt worden (siehe Abschnitt 6.3). Hierbei wird das unbeabsichtigte Lösen verhindert bzw. eingeschränkt durch die gezielte Kombination der eigentlichen Schraubenverbindungen mit unterschiedlichen Formschlußverbindungen (z. B. durch Splinte), anderen Kraftschlußverbindungen (z. B. mittels Federringe) oder lokalen Stoffschlußverbindungen (u. a. durch Anwendung von Schrauben, die teilweise mit mikroverkapseltem Klebstoff beschichtet sind). Als eine der möglichen Lösungen soll hier eine gegen unbeabsichtigtes Lösen gesicherte Schraubenverbindung mit speziell gestalteten selbsthemmenden Sicherungsscheiben nach /56/ beschrieben werden (Bild 20.).

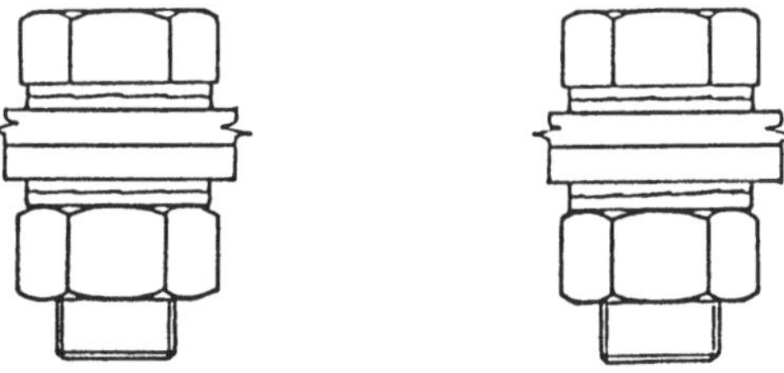

**Bild 20.**   Kombination einer Schraubenverbindung mit einer vorgespannten mehrfachen Flächenschlußverbindung /56/ - links: Lage der Scheiben bei angezogener Schraubenverbindung, rechts: Lage der Scheiben beim Lockerungszustand

Die in dieser kombinierten Fügeverbindung primär wirkende Schraubenverbindung mit Schrauben in Normal- oder Hochfestigkeitsqualität erfüllt natürlich die erforderliche Funktion „Festigkeit". Die zusätzlich notwendige Funktion „Sicherheit gegen Lockern und Losdrehen" z. B. bei Querbelastungen, Schwingungen oder Vibration wird durch ein Paar gleichgestalteter Scheiben gewährleistet. Beim Festziehen der Schraube drücken sich die Radialrippen auf den Außenflächen der Scheiben in die Schraubenkopfauflage bzw. in die Schraubenmutter oder in die Werkstückoberfläche ein. Es entsteht ein mehrfacher Flächenschluß (siehe Bild 20, linkes Schema). Die inneren Oberflächen der Scheiben sind nun mit „schiefen Ebenen" besetzt, deren Winkel größer ist als der Steigungswinkel des jeweiligen Schraubengewindes.

Beim unbeabsichtigten Wirken von Lösemomenten werden die beiden Scheiben über den erzeugten Formschluß gegeneinander derart verdreht, daß über die schiefen Ebenen die beiden Scheiben durch die entstehende Keilwirkung auseinandergedrückt werden.(siehe Bild 20, rechtes Schema) Dadurch erhöht sich aber die in der Schraubenverbindung wirkende Axialkraft. Das Lockern und Losdrehen der Schraubenverbindung wird wirksam behindert.

Diese kombinierte Fügeverbindung zeichnet sich damit bei Belastung durch einen geringeren Abfall der Vorspannung aus.

Bei den *Stoffschlußverbindungen* ist unter normalen Betriebsbedingungen die Sicherheit gegen Lösen durch die erfolgte Stoffvereinigung immer gegeben. Natürlich ist hier die Erwärmung über unzulässig hohe Temperaturen auszuschließen, sonst würden Kleb- und Lötverbindungen erweichen, sich zersetzen oder sogar schmelzen.

### 4.4.3.7   *Lösbarkeit von Fügeverbindungen*

Auch die Lösbarkeit kann für die Fügeverbindungen eine der erforderlichen funktionsbedingten Eigenschaften sein (Bild 16). Dafür sind *Formschlußverbindungen*, in denen ja keine physikalischen oder chemischen Wechselwirkungen stattfinden, in der Regel am besten geeignet. Das Lösen kann daher entweder durch die Überwindung der Gewichtskräfte und/oder der durch sie hervorgerufenen Reibkräfte bzw. durch entsprechende Rückformung erfolgen.

*Kraftschlüssige Fügeverbindungen* sind nur im bestimmten Umfang relativ problemlos lösbar. Die vorhandene Pressung muß überwunden bzw. aufgehoben werden. Die dafür notwendigen Kräfte sind bedeutend größer, als die letztlich auch zu überwindenden Gewichtskräfte. Bei bestimmten form- oder kraftschlüssigen Fügeverbindungen müssen evtl. noch zusätzlich entsprechende Verformungen realisiert werden.

Von den *Stoffschlußverbindungen* sind nur bestimmte Gruppen als lösbar bzw. quasilösbar zu betrachten. Dazu können z. B. die meisten Metallklebverbindungen (Adhäsionsverbindungen) gerechnet werden, welche durch gezielte Anwendung von Wärme oder entsprechenden Lösungsmitteln in der Regel ohne Beeinträchtigung der Konstruktionselemente gelöst werden können. Unter den Kohäsionsverbindungen stellen die Weichlötverbindungen eine Ausnahme dar, da sie z. B. durch Erwärmung über ihre Auslöttemperatur relativ leicht gelöst werden können. Unlösbar sind jedoch der größte Teil der Hart- bzw. Hochtemperaturlötverbindungen und alle Schweißverbindungen. Die an dieser Stelle kurz wiedergegebene Übersicht über einige wichtige funktionsbedingte Eigenschaften der verschiedenen Fügeverbindungen erfaßt natürlich nicht alle Eigenschaften der Fügeverbindungen. Trotzdem ist zu erkennen, daß durch das Zusammenwirken von mehreren elementaren in den entsprechenden kombinierten Fügeverbindungen zielgerichtet ein zusammengesetztes Eigenschaftsfeld erzeugt werden kann, welches den erforderlichen Betriebsbeanspruchungen am besten entspricht und sonst - mit den elementaren Fügeverbindungen - vielleicht prinzipiell nicht möglich wäre.

# 5 Konstruktiv bedingte Arten und technologisch bedingte Typen kombinierter Fügeverbindungen

## 5.1 Formschlüssige Fügeverbindungen

### 5.1.1 Arten von Formschlußverbindungen

Um dem Konstrukteur die zielgerichtete Auswahl und Anwendung von kombinierten Fügeverbindungen zu ermöglichen, sind die Klassen der kombinierten Fügeverbindungen weiter zu spezifizieren. Deshalb werden im weiteren anhand von konstruktiven und technologischen Merkmalen die elementaren form-, kraft- und stoffschlüssigen Fügeverbindungen in entsprechende Arten und Typen unterteilt. Damit können dann auch die möglichen Arten bzw. Typen der kombinierten Fügeverbindungen korrekt abgeleitet und eindeutig beschrieben werden.

Wie im Abschnitt 4.4.2 kurz beschrieben, entstehen die *formschlüssigen Fügeverbindungen* dadurch, daß die entsprechenden Fügeflächen des zu fertigenden Produkts miteinander in einen mechanischen Kontakt gebracht werden. Dabei wird die Form der entsprechenden Fügeoberflächen weitestgehend aneinandergepaßt.

Damit können alle Formschlußverbindungen alleine mittels des konstruktiven Merkmals

*Ausdehnung der Kontaktfläche*

in folgende drei Arten unterteilt werden (Bilder 21. und 22.):

1. *Punktschlußverbindungen,*
2. *Linienschlußverbindungen* und
3. *Flächenschlußverbindungen.*

Typische *Punktschlußverbindungen* stellen z. B. die in Halterungen mit ebenen Flächen gelagerten Kugeln von Kugelgelenken dar. Das sind aber natürlich bewegliche, und keine feste Fügeverbindungen. In beanspruchten Baugruppen sind feste Punktschlußverbindungen aber sicherlich auch die Ausnahme. Dazu können nur bestimmte Bajonettverbindungen, Lappenverbindungen oder Renkverbindungen gezählt werden.

| *Füge-verbin-dungs-arten* | Ausdehnung der Fügeflächen | | |
|---|---|---|---|
| | null-dimensional | ein-dimensional | zwei-dimensional |
| **Punkt-schluß-**verbin-dungen | ■ | | |
| **Linien-schluß-**verbin-dungen | | ■ | |
| **Flächen-schluß-**verbin-dungen | | | ■ |

**Bild 21.** Konstruktives Merkmal zur Einteilung der elementaren und kombinierten Fügeverbindungen in die *Arten* "Punktschlußverbindungen", "Linienschlußverbindungen" und "Flächenschlußverbin-dungen"

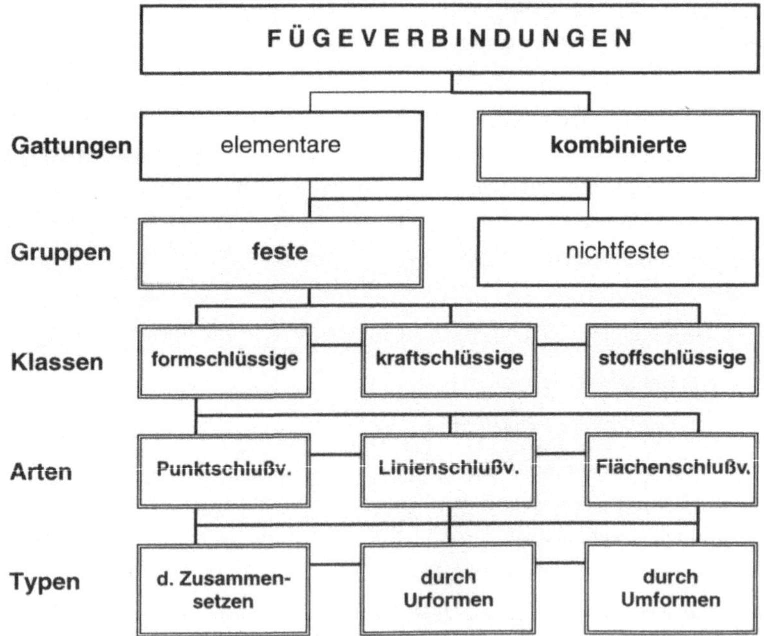


**Bild 22.** Einteilung der Formschlußverbindungen in *Arten* und *Typen*

Dagegen werden *mehrfache Punktschlußverbindungen* in der Kombination mit bestimmten Kraftschlußverbindungen gezielt angewendet, um z. B. in kombinierten Preßverbindungen die übertragbaren Kräfte und Momente zu erhöhen. Bild 23. zeigt das Schema einer derartigen kombinierten Fügeverbindung, in der der Kraftschluß der üblichen, d. h. also elementaren Welle-Nabe-Verbindung durch eingelagerte harte Partikel (mehrfacher Punktschluß!) gezielt unterstützt wird.

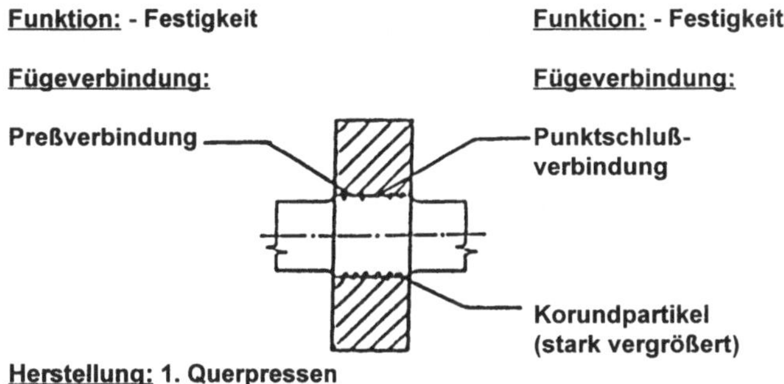


**Bild 23.**   Kombinierte Preß-Punktschluß-Verbindung (siehe Beispiel 23 im Abschnitt 7)

Feste *Linienschlußverbindungen* werden öfter genutzt. Hierzu gehören z. B. entsprechende Biege- und Klipsverbindungen. In der letztgenannten Verbindung haben die Fügeflächen der Einzelteile eine derartige Gestalt, daß beim Fügen die entsprechende Klipsverbindung entsteht. Solche Linienschlußverbindungen werden aber auch zur Unterstützung anderer elementarer Preßverbindungen genutzt, um z. B. die Festigkeit der im Maschinenbau oft angewendeten Welle-Nabe-Verbindungen zu verbessern. Eine Übersicht über unterschiedliche kombinierte Preß-Verbindungen wurde in /41/ veröffentlicht.

Besonders häufig werden unterschiedliche *Flächenschlußverbindungen* in der Industrie angewendet. Beispiele sind solche bekannten Fügeverbindungen wie Bördel- oder Falz-verbindungen sowie bestimmte Schnapp-, Keilwellen- und Sickenverbindungen. Die Nutzung derartiger Flächenschlußverbindungen in den jeweiligen kombinierten Fügeverbindungen ist oft die einzige Lösung, um solche Verbindungen überhaupt in den entsprechenden Produkten vorsehen zu können. Als ein Beispiel dafür kann die statisch und dynamisch hochbelastbare Löt-Flächenschluß-Verbindung angeführt werden, die ohne diesen zusätzlichen Flächenschluß nicht die erforderlichen Eigenschaften gewährleisten konnte (Bild 24.). Diese Rohr-Rohr-Verbindung wurde bereits im Abschnitt 2.3 und Bild 6 ausführlicher besprochen.

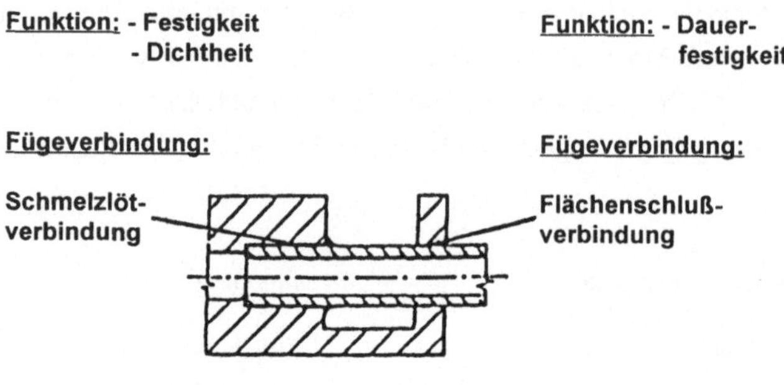


**Bild 24.**   Kombinierte Löt-Flächenschluß-Verbindung (siehe Beispiel 13 im Abschnitt 7).

## 5.1.2   Typen von Formschlußverbindungen

Die Unterteilung der formschlüssigen Fügeverbindungen in Typen kann leicht unter Beachtung der entsprechenden Fertigungsbedingungen erfolgen. Hierzu bietet sich die Einteilung des Fertigungsverfahrens „Fügen" in der DIN 8593 an.

Das für die Unterteilung von Formschlußverbindungen genutzte technologische Merkmal

*Formgebung während des Fügens*

leitet sich also aus dem Wirkprinzip der Herstellung von Formschlußverbindungen ab. Es müssen ja die entsprechenden Fügeflächen der Einzelteile aneinander angepaßt und in den notwendigen mechanischen Kontakt gebracht werden.

Daraus ergeben sich die in den Bildern 25. und 22 drei prinzipiell möglichen Typen von punkt-, linien- und flächenförmigen Formschlußverbindungen:

1. *Formschlußverbindungen durch Zusammensetzen,*

2. *Formschlußverbindungen durch Urformen* und

3. *Formschlußverbindungen durch Umformen.*

| Füge-<br>verbin-<br>dungs<br>typen | Formgebung während des Fügens | | |
|---|---|---|---|
| | ohne | durch<br>Urformen | durch<br>Umformen |
| Formschluß-<br>verbindung<br>d. **Zusam-<br>mensetzen** | | | |
| Formschluß-<br>verbindung<br>durch<br>**Urformen** | | | |
| Formschluß-<br>verbindung<br>durch<br>**Umformen** | | | |

**Bild 25.**  Technologisches Merkmal zur Einteilung der elementaren und kombinierten Formschlußverbindungen in *Typen*

# 5.2   Kraftschlüssige Fügeverbindungen

## 5.2.1   Arten von Kraftschlußverbindungen

Kraftschlußverbindungen entstehen durch das gezielte Wirken von Kräften, die zuerst einen mechanischen Kontakt zwischen den Fügeflächen herstellen (und damit eigentlich eine zeitweilige Formschlußverbindung realisieren) und diesen dann zielgerichtet in den physikalischen Kontakt überführen. So werden alle entsprechenden Kraftschlußverbindungen in der Industrie gefertigt. Die während des Fügens und danach auch in den Fügeverbindungen wirkenden Kräfte sind das bestimmende Merkmal der Kraftschlußverbindungen.

Kraftschlußverbindungen können also anhand des konstruktiven Merkmals

>*Charakter der Wirkkraft beim Fügen*

in Anlehnung an /51/ in folgende drei Arten (Bilder 26. und 27.) unterteilt werden:

1.   *elastisch-kraftschlüssige Verbindungen,*
2.   *feld-kraftschlüssige Verbindungen* und
3.   *reib-kraftschlüssige Verbindungen.*

| Füge-verbin-dungs arten | Charakter der Wirkkraft beim Fügen | | |
|---|---|---|---|
| | elastische Kräfte | Feldkräfte | Reibkräfte |
| **elastisch-** kraft- schlüssige Verbindunge | | | |
| **feld-** kraft- schlüssige Verbindunge | | | |
| **reib-** kraft- schlüssige Verbindunge | | | |

**Bild 26.**   Konstruktives Merkmal zur Einteilung der Kraftschlußverbindungen in die *Arten* "elastistisch-kraftschlüssige Fügeverbindung", "feld-kraftschlüssige Fügeverbindung" und "reib-kraftschlüssige Fügeverbindung"

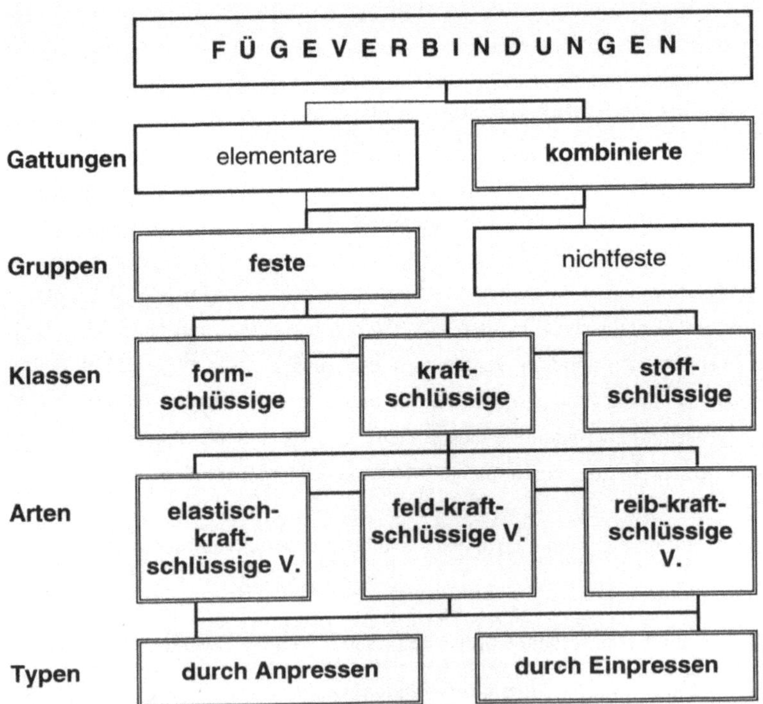


**Bild 27.**   Einteilung der Kraftschlußverbindungen in *Arten* und *Typen*

Der Charakter der entsprechenden Wirkkraft hängt tatsächlich von solchen konstruktiven Faktoren ab, wie der geometrischen Gestalt der zu fügenden Teile bzw. der Fügeflächen und der evtl. angewendeten Fügeelemente sowie von den gegebenen Werkstoffeigenschaften. Die Arten der kraftschlüssigen Fügeverbindungen sind also ebenfalls durch die konkreten konstruktiven Bedingungen bestimmt.

In den *elastisch-kraftschlüssigen Fügeverbindungen* entsteht die Wirkkraft durch eine während des Fügens erzeugte elastische Verformung der Werkstoffe. Typische Vertreter dieser Art der kraftschlüssigen Fügeverbindungen sind z. B. die Schraubenverbindungen oder auch die Keilverbindungen. Gerade die elastisch-kraftschlüssigen Schraubenverbindungen werden sehr oft in Kombination mit anderen elementaren Fügeverbindungen angewendet. Erinnert sei hier an die unter Pkt. 6.3 dargestellten Kombinationen von Schraubenverbindungen mit anderen Fügeverbindungen zur Erzielung der Sicherung gegen unbeabsichtigtes Lösen. Ein weiteres Beispiel für die Kombination einer elastisch-kraftschlüssigen Fügeverbindung ist die in Bild 28 schematisch dargestellte Klemmverbindung.

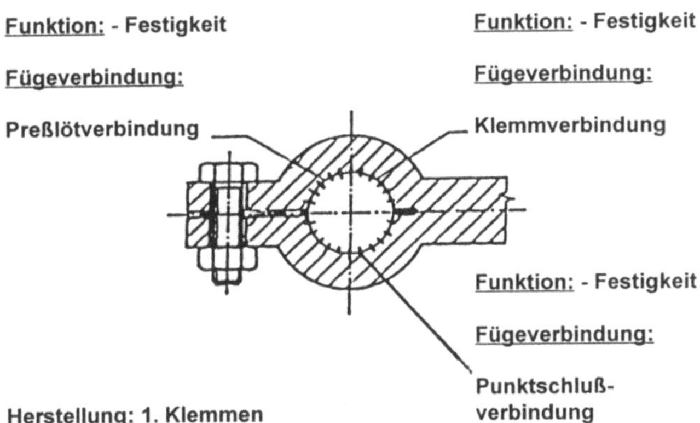


**Bild 28.**   Kombinierte Löt-Klemm-Punktschluß-Verbindung (siehe Beispiel 10 im Abschnitt 7)

Die *feld-kraftschlüssigen Fügeverbindungen* zeichnen sich durch eine Wirkkraft aus, die entweder von Natur aus beim Fügen genutzt werden kann (z. B. das Schwerefeld der Erde oder das Magnetfeld eines dauermagnetischen Werkstoffs), oder die zur Aufrechterhaltung der Fügeverbindung eine ständige Energiezufuhr erforderlich macht (z. B. in Form von elektrischen Feldern oder Trägheitsfeldern). Solche festen Fügeverbindungen werden jedoch relativ begrenzt und oft nur als zeitweilige Fügeverbindungen angewendet. Dazu zählen z. B. Fliehkraftverbindungen, Verbindungen durch Magnethalterungen oder elektromagnetische Kupplungen bzw. Bremsen im Arbeitszustand.

Bei den *reib-kraftschlüssigen Fügeverbindungen* wird die Pressung zwischen den zu fügenden Werkstücken als Wirkkraft genutzt. Derartige Fügeverbindungen haben einen sehr großen Anwendungsumfang. Typische Vertreter sind z. B. die durch Preßverbindungen gefügten Wellen-Naben-Elemente. Viele derartige Preßverbindungen werden mit anderen elementaren Fügeverbindungen kombiniert. Ein Beispiel dafür ist die geklebte Preßverbindung, die schematisch in Bild 29. dargestellt ist.

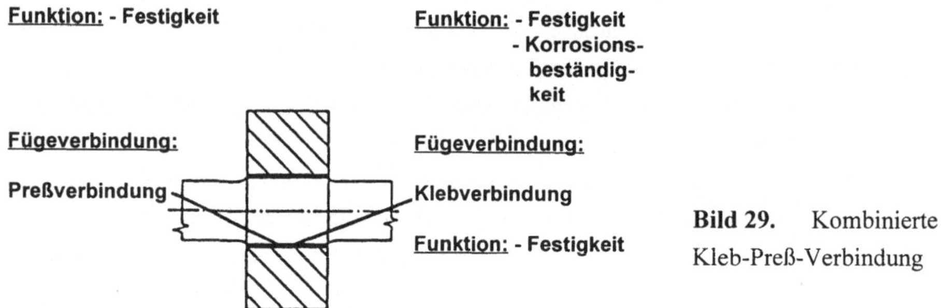


**Bild 29.**   Kombinierte Kleb-Preß-Verbindung

## 5.2.2   Typen von Kraftschlußverbindungen

Wiederum kann nun unter Berücksichtigung der o. g. Norm für die Fertigungsverfahren die Einteilung der Kraftschlußverbindungen anhand des technologischen Merkmals

*Kraftaufbringung während des Fügens*

in folgende 2 Typen vorgenommen werden (Bilder 30. und 27.):

1.   *Kraftschlußverbindungen durch Anpressen* und
2.   *Kraftschlußverbindungen durch Einpressen.*

Die Anwendung dieser hier beschriebenen elementaren Kraftschlußverbindungen in Kombination mit anderen Fügeverbindungen ist überraschend vielfältig. Hieraus ergeben sich für den Konstrukteur eine große Zahl unterschiedlicher Varianten interessanter Verbindungen mit z. T. unerwarteten Eigenschaften. So zeichnet sich z. B. die kombinierte Löt-Preß-Verbindung (die bei der Anwendung von speziellen metallischen Oberflächenschichten entsteht) u. a. dadurch aus, daß ihre mechanischen Eigenschaften sich durch ein spezielles Training bzw. durch eine entsprechende Betriebsbeanspruchungen bedeutend verbessern (siehe Beispiel 1 im Abschnitt 7). Diese interessanten kombinierten Preßlöt-Preß-Verbindungen waren Gegenstand eigener Untersuchungen (siehe z. B. /10, 36, 38, 41, 45, 47 und 49/).

| Fügeverbindungstypen | Kraftwirkung beim Fügen | |
|---|---|---|
| | Anpressen | Einpressen |
| Kraftschlußverbindungen durch **Anpressen** | ■ | |
| Kraftschlußverbindungen durch **Einpressen** | | ■ |

**Bild 30.** Technologisches Merkmal zur Einteilung der kraftschlüssigen Fügeverbindungen in die *Typen* "Kraftschlußverbindungen durch Anpressen" und "Kraftschlußverbindungen durch Einpressen"

So zeichnet sich z. B. die kombinierte Löt-Preß-Verbindung (die bei der Anwendung von speziellen metallischen Oberflächenschichten entsteht) u. a. dadurch aus, daß ihre mechanischen Eigenschaften sich durch ein spezielles Training bzw. durch eine entsprechende Betriebsbeanspruchungen bedeutend verbessern (siehe Beispiel 1 im Abschnitt 7). Diese interessanten kombinierten Preßlöt-Preß-Verbindungen waren ebenfalls Gegenstand eigener Untersuchungen (siehe z. B. /10, 36, 38, 41, 45, 47 und 49/).

## 5.3 Stoffschlüssige Fügeverbindungen

### 5.3.1 Arten von Stoffschlußverbindungen

Stoffschlüssige Fügeverbindungen entstehen dann, wenn beim Fügen die Kraftwechselwirkung in den Fügeflächen so groß wird, daß eine Stoffvereinigung erfolgt. Dadurch wird im allgemeinen der zuerst mechanische und dann physikalische Kontakt zielgerichtet in den chemischen „Stoffschlußkontakt" überführt (siehe Pkt. 4.4.2). Zur notwendigen korrekten Unterscheidung der möglichen Arten von stoffschlüssigen Fügeverbindungen können als konstruktives Merkmal bestimmte charakteristische Werkstoffeigenschaften genutzt werden.

Dazu dient einerseits der *Typ der chemischen Bindung* der stoffschlüssig gefügten Werkstoffe. Hier muß zwischen Neben- bzw. Restvalenzbindungen durch die Wirkung von van-der-Waals-Kräften und Hauptvalenzbindungen in Form von metallischer Bindung, Ionenbindung und Atombindung in den festen Werkstoffen unterschieden werden.

Zwischen den letztgenannten Extremfällen der betrachteten Bindungen werden natürlich viele Mischbindungen in Festkörpern festgestellt (Bild 31.). Die jeweilige *chemische Zusammensetzung* in den einzelnen Bereichen des Bauteilwerkstoffs und der Fügeverbindungen ist ein weiteres wichtiges konstruktives Merkmal zur Einteilung der Stoffschlußverbindungen in die einzelnen Arten.

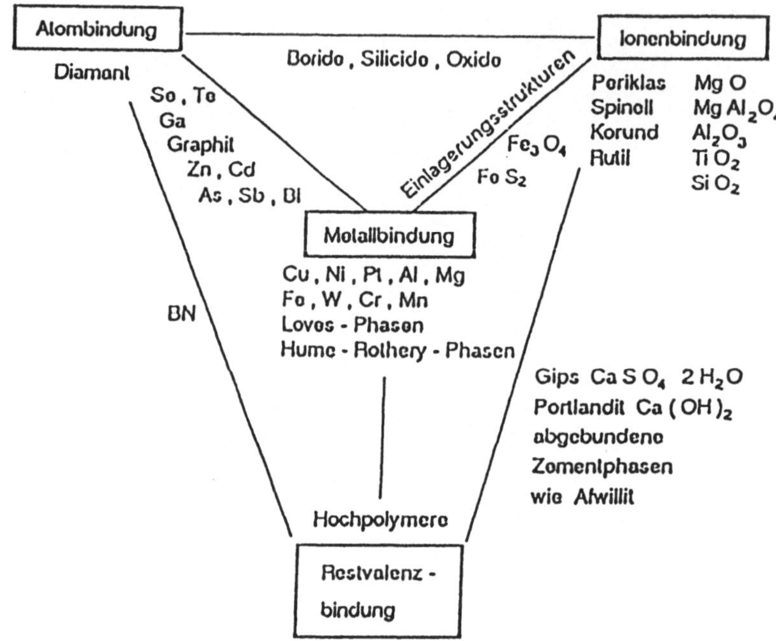


**Bild 31.**   Bindungsarten und ihre Zwischenformen als Mischbindungen /53/

Ausgehend davon können die Stoffschlußverbindungen anhand dieser konstruktiven Merkmale

    *Art der chemischen Bindung* und

    *chemische Zusammensetzung*

in folgende drei Arten (Bilder 32. und 33.) unterteilt werden:

1.   *Schweißverbindungen*,

2.   *Lötverbindungen* und

3.  *Klebverbindungen*.

| *Fügever-<br>bindungs-<br>arten* | Typ der<br>chemischen<br>Bindung | chemische<br>Zusammen-<br>setzung |
|---|---|---|
| **Schweiß-<br>verbin-<br>dungen** | gleich | gleich |
| **Löt-<br>verbin-<br>dungen** | gleich | ungleich |
| **Kleb-<br>verbin-<br>dungen** | ungleich | ungleich |
| **?** | ungleich | gleich |

**Bild 32.** Konstruktive Merkmale zur Einteilung der stoffschlüssigen Fügeverbindungen in die *Arten* "Schweißverbindungen", "Lötverbindungen" und "Klebverbindungen

Natürlich stellen die derart definierten Schweiß-, Löt- und Klebverbindungen ihrerseits auch nur Hauptformen dar. Es sind hier ebenfalls „Mischverbindungen" denkbar, die von ihrem Charakter her z. B. dem Übergang von einer Schweißverbindung zu einer Lötverbindung entsprechen könnten.

Diese trotzdem recht eindeutige Definition der einzelnen Stoffschlußverbindungen ist für die Beschreibung, Auswahl und Generierung von funktionsgerechten kombinierten Fügeverbindungen und für das Verstehen ihrer Eigenschaftsfelder von außerordentlicher Wichtigkeit. Das erklärt sich u. a. daraus, daß die Kombination verschiedener Schweiß-, Löt- bzw. Klebverbindungen zu unterschiedlichen und oft unerwarteten technologischen und Betriebseigenschaften führt.

Ausgehend von den o. a. Merkmalen entsteht also nur dann eine *Schweißverbindung*, wenn Werkstoffe gleicher chemischer Bindung und gleicher chemischer Zusammensetzung miteinander stoffschlüssig gefügt werden. Dazu zählen die vielen Metallkonstruktionen, die ohne bzw. mit artgleichem Zusatzwerkstoff geschweißt werden. Das gleiche gilt natürlich auch für die geschweißten Kunststoffe. Für Metallschweißverbindungen ist diese Definition und Begriffsbestimmung in Bild 34. schematisch dargestellt.

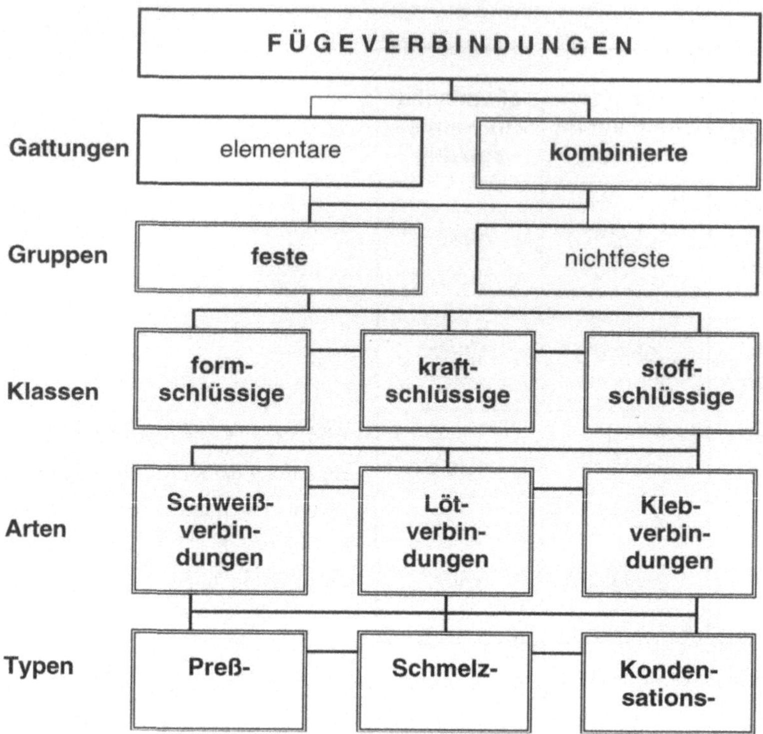


**Bild 33.**   Einteilung der Stoffschlußverbindungen in *Arten* und *Typen*

| Schema der Fügeverbindung | | | |
|---|---|---|---|
| chemische Zusammensetzung | Stahl<br>Stahl<br>Stahl | Stahl<br>Kupfer<br>Stahl | Stahl<br>Acrylat<br>Stahl |
| | gleich<br>gleich | ungleich<br>gleich | ungleich<br>ungleich |
| Typ der chemischen Bindung | Metall-<br>Metall-<br>Metall- | Metall-<br>Metall-<br>Metall- | Metall-<br>Restvalenz-<br>Metall- |
| *Art der Fügeverbindung* | Schweißverbindung | Lötverbindung | Klebverbindung |

**Bild 34.**   Schematische Darstellung der Merkmale von Schweiß-, Löt- und Klebverbindungen an Metallen nach /55/

Danach ist eine *Lötverbindung* also dadurch gekennzeichnet, daß Werkstoffe gleicher chemischen Bindung, jedoch mit unterschiedlicher chemischer Zusammensetzung stoffschlüssig gefügt wurden. Offensichtlich sind hier alle die Stoffschlußverbindungen einzuordnen, die durch das konventionelle Löten von Metallen mit metallischen Loten aus den entsprechenden Metallen bzw. Metallegierungen gefertigt werden (Bild 34.).

Wenn nun unterschiedliche Metalle wie z. B. Stahl mit Kupfer ohne Anwendung von Zusatzwerkstoffen unmittelbar stoffschlüssig gefügt werden, dann hat die so entstandene "Schweißverbindung" nach den o. a. Merkmalen natürlich ebenfalls den Charakter einer Lötverbindung! Das ist folgerichtig und wird ja auch bei der Gestaltung und Berechnung derartiger "Schweißverbindungen" immer berücksichtigt. Sie wird nach dem „schwächsten Glied", d. h. in diesem Fall ausgehend von den mechanischen Eigenschaften des Kupfers berechnet und ausgelegt.

Damit ist aber auch eine "Klebverbindung" von Kunststoffen mit einem organischen Klebstoff der gleichen chemischen Bindungsart, aber einer anderen chemischen Zusammensetzung von ihrem Charakter her eigentlich auch eine Lötverbindung. Eine *Klebverbindung* entsteht nach den o. a. Merkmalen tatsächlich nur dann, wenn Werkstoffe mit unterschiedlicher chemischer Bindung u n d unterschiedlicher chemischer Zusammensetzung miteinander stoffschlüssig gefügt werden. Dazu zählen z. B. die traditionellen Metallklebverbindungen, wie sie ebenfalls in Bild 34 schematisch wiedergegeben sind.

Ausgehend vom Verbindungscharakter liegt aber auch dann eine Klebverbindung vor, wenn z. B. Keramikteile mit metallischen Loten gefügt, d. h. gelötet werden. Daraus erklärt sich letztlich auch, daß in diesen "Lötverbindungen" die Haftfestigkeit zwischen dem Lötgut und der Keramikoberfläche für die zu gewährleistenden Funktionseigenschaften genauso wichtig ist, wie bekannterweise die Haftfestigkeit z. B. in den Metallklebverbindungen. Auch wenn die Keramik mit einem Metall unmittelbar reibgeschweißt wird, dann ist die entstehende Fügeverbindung von ihrem Charakter sowie von ihren Eigenschaften her eigentlich eine Klebverbindung.

An dieser Stelle erscheint es zur Vermeidung von unnötigen Mißverständnissen angebracht, den *Zusammenhang zwischen „Fügeverfahren" und „Fügeverbindungen"* zu klären. Ausgehend von der geschichtlichen Entwicklung der unterschiedlichen Fügeverfahren hat sich bis heute die Ansicht erhalten, daß der Charakter des Fügeverfahrens eindeutig auch den Charakter der entstehenden Fügeverbindungen bestimmt. Werden also z. B. solche Verfahren wie Schweißen, Löten oder Schrauben angewendet, dann wird stets vorausgesetzt bzw. angenommen, daß dadurch in jedem Fall auch Schweiß-, Löt- bzw. Schraubenverbindungen entstehen.

Diese Annahme entspricht jedoch nicht in jedem Falle dem Stand der Technik. So können heute z. B. mittels der thermischen Energie des Lichtbogens und damit auch durch die Verfahrenstechnik des Lichtbogenschweißens neben Schweißverbindungen auch bestimmte Löt-, Kraftschluß- und Formschlußverbindungen hergestellt werden. Das ist im Bild 35 schematisch dargestellt. Dieser Umstand sollte besonders auf dem Gebiet der kombinierten Fügeverbindungen berücksichtigt werden. Sicherlich ist eine derartige Herangehensweise neu und überraschend. Sie sollte aber nicht sofort abgelehnt und verworfen werden.

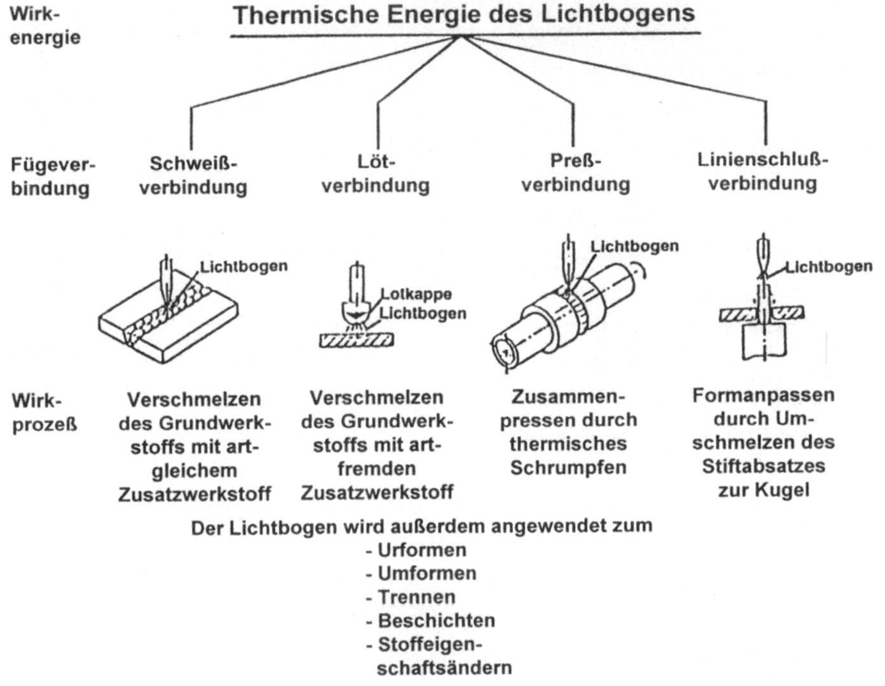


**Bild 35.**  Anwendung der thermischen Energie des Lichtbogens zur Fertigung unterschiedlicher Stoff-, Kraft- und Formschlußverbindungen

Für andere, nichtstoffschlüssige Fügeverbindungen ist eine derartige Herangehensweise an die unterschiedlichen Verbindungen schon lange Stand der Technik. So wird z. B. die in Bild 36. dargestellte Klemmverbindung natürlich nicht als "Schraubenverbindung" bezeichnet, obwohl diese kraftschlüssige Fügeverbindung in diesem Fall tatsächlich durch die Anwendung des Fügeverfahrens „Schrauben" hergestellt wird.

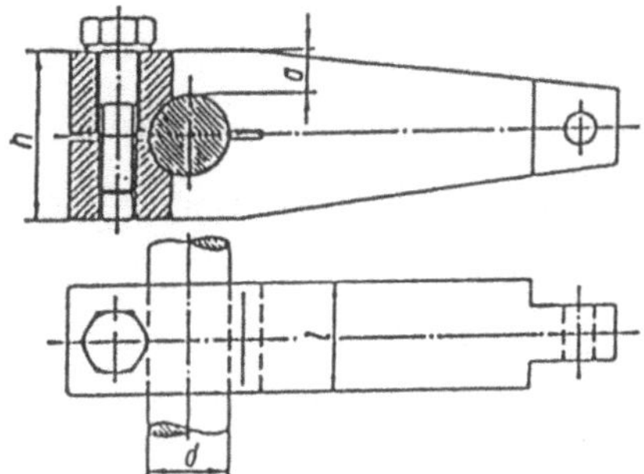

**Bild 36.**  Durch  Schrauben  gefertigte
Klemmverbindung nach /31/

Die an dieser Stelle erläuterte Betrachtung des Charakters der stoffschlüssigen
Fügeverbindungen erlaubt eine doch relativ korrekte Beschreibung der einzelnen elementaren
und damit auch der kombinierten Fügeverbindungen.

Das ist für das richtige Verständnis der Besonderheiten und Vorzüge dieser alternativen
Varianten der Fügetechnik und für die zielgerichtete Auswahl bekannter bzw. Generierung
neuer Verbindungskombinationen von großer Wichtigkeit.

Eine besondere Erwähnung verdienen in diesem Zusammenhang *Stoffschlußverbindungen mit
Doppelcharakter*, die in sich gleichzeitig die Merkmale verschiedener Arten von
stoffschlüssigen Fügeverbindungen beinhalten (Bild 37.). Dieser Umstand tritt dann ein, wenn
zwei Werkstoffe unterschiedlicher Zusammensetzung mit oder ohne Anwendung von
Zusatzwerkstoffen im festen Zustand oder über einen lokalen Schmelzfluß durch Schweißen
bzw. mittels Löten stoffschlüssig gefügt werden.

So kann z. B. Stahl mit Kupfer dadurch miteinander stoffschlüssig verbunden werden, daß der
Kupferwerkstoff an der Fügestelle durch einen Lichtbogen oder Elektronenstrahl lokal
geschmolzen wird. Das entstehende Schmelzbad wird mit vorgegebener Geschwindigkeit
entlang der Fügezone geführt. Mit der erstarrten Naht ist dann eine Fügeverbindung
entstanden, die an der Kupferseite den Charakter einer Schweißverbindung und an der
Stahlseite aufgrund der physikalisch-chemischen Wechselwirkungen zwischen dem festen
Stahl und dem geschmolzenen Kupfer den Charakter einer typischen Lötverbindung hat.

Entgegen der früher in /10/ vertretenen Ansichten ist das keine kombinierte Fügeverbindung,
da durch diese speziellen Variante des Fügens keine andere Verbindung entstehen konnte. Die
Auflösung in getrennt herstellbare elementare Fügeverbindungen ist nicht möglich. Solche
Fügeverbindungen können als „Schweiß-Löt-Verbindungen" oder in anderen Werkstoff-
Varianten als „Löt-Kleb-Verbindungen" usw. bezeichnet werden.

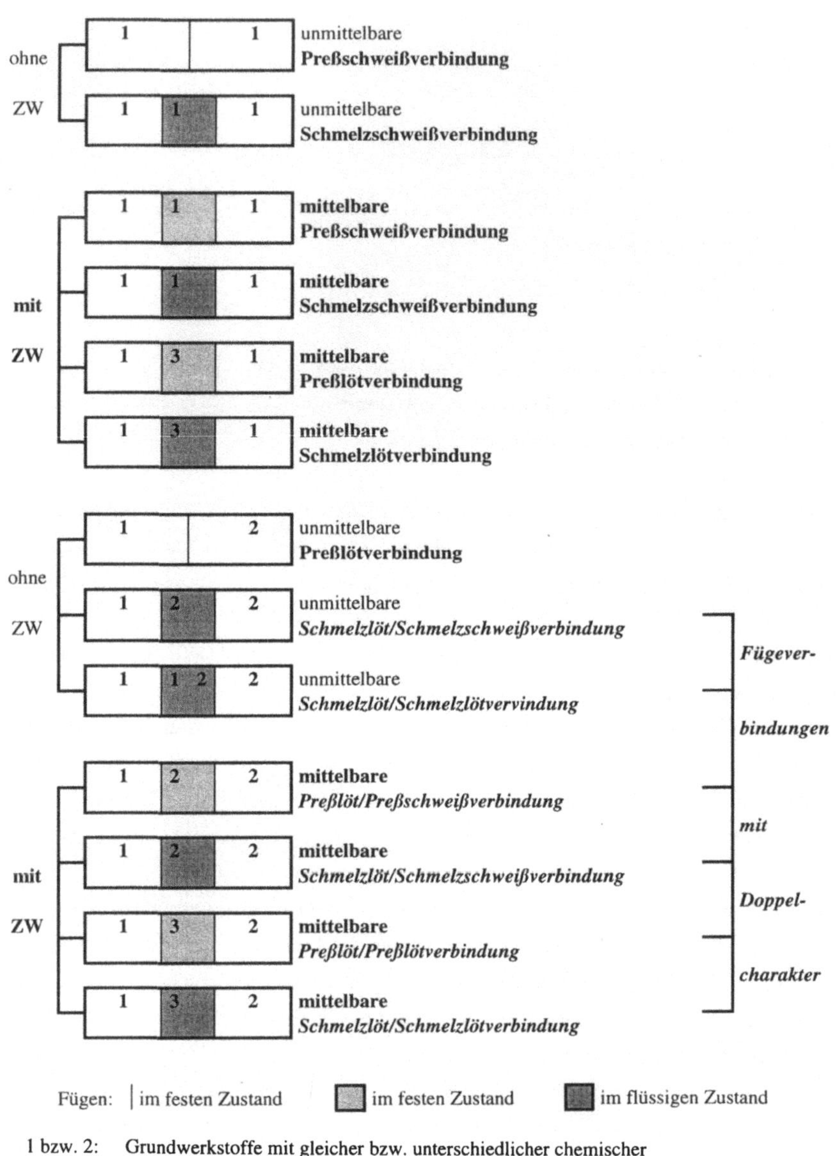



1 bzw. 2:   Grundwerkstoffe mit gleicher bzw. unterschiedlicher chemischer Zusammensetzung und gleicher chemischer Bindung

3:   Zusatzwerkstoffe mit gleicher bzw. unterschiedlicher chemischer Zusammensetzung und gleicher chemischer Bindung

**Bild 37.** Schema der durch Schweißen oder Löten herstellbaren Stoffschlußverbindungen mi Doppelcharakter

## 5.3.2   Typen von Stoffschlußverbindungen

Die große Zahl der Schweiß-, Löt- und Klebverbindungen läßt sich ausgehend von den technologische Bedingungen in unterschiedliche Typen unterscheiden. Auch hier kann das Merkmal aus dem jeweiligen Fügeprozess abgeleitet werden. Dazu bietet sich der Aggregatzustand des jeweiligen Werkstoffs während des Fügens an. Zumindest die Schweiß- und Lötverbindungen können anhand des technologischen Merkmals

*Aggregatzustand beim Fügen*

in folgende Typen eingeteilt werden (Bilder 38. und 33.)

1.   *Preßschweißverbindungen - Preßlötverbindungen,*
2.   *Schmelzschweißverbindungen - Schmelzlötverbindungen* und
3.   *Kondensationsschweißverbindungen - Kondensationslötverbindungen.*

| *Fügeverbindungs-* | | Wirkzustand beim Fügen | | |
| *Typen* | | fest | flüssig | "dampf-förmig" |
| --- | --- | --- | --- | --- |
| Preß- | schweiß- | ■ | | |
| Schmelz- | verbin- | | ■ | |
| Kondensations- | dungen | | | ■ |
| Preß- | löt- | ■ | | |
| Schmelz- | verbin- | | ■ | |
| Kondensations- | dungen | | | ■ |

**Bild 38.**   Technologisches Merkmal zur Einteilung der Schweißverbindungen und Lötverbindungen in Typen

Die Klebverbindungen wurden in diese Übersicht nicht aufgenommen, da ihre Einteilung nach diesem technologischen Merkmal noch Gegenstand intensiver Arbeiten ist. Im Prinzip erscheint eine derartige Einteilung der Klebverbindungen aber durchaus möglich und sinnvoll. Die sogenannten *Kondensationsverbindungen* entstehen z. B. durch Verdampfen und lokales Kondensieren entsprechender Metalle. Diese Verfahrensvariante wird relativ selten angewendet, wie z. B. beim Einbetten von Diamanten oder beim Fügen von Graphit.

*Preßschweiß-* und *Preßlötverbindungen* entstehen im festen Zustand der Werkstoffe durch gemeinsame plastische Verformung in Makro- und/oder Mikrobereichen, die mit einer mehr oder weniger intensiven Diffusion gekoppelt sein kann. Als Fügewirkenergie wird meistens ein entsprechender Druck bei normalen Temperaturen oder nach Erwärmung bis in die Nähe der Schmelztemperatur der Werkstoffe aufgebracht. Neuartige Verfahren nutzen aber heute auch schon die Kräfte elektromagnetischer Wechselwirkungen, wie z. B. beim anodischen Bonden.

*Schmelzschweiß-* und *Schmelzlötverbindungen* werden dagegen durch lokales Aufschmelzen und anschließendes Erstarren hergestellt. Beim Schweißen ist die jeweilige Wirktemperatur größer als die Schmelztemperatur des Grundwerkstoffs und beim Löten größer als die des Zusatzwerkstoffs (Lotes).

Die zur Beschreibung und Anwendung konkreter kombinierter Fügeverbindungen notwendige weitere Differenzierung auch der elementaren Fügeverbindungen in die entsprechenden Zusatztypen (wie z. B. "Kaltpreßschweißverbindungen" oder "Hartlötverbindungen") sowie Untertypen (unmittelbare und mittelbare Form-, Kraft- und Stoffschlußverbindungen ohne bzw. mit solchen Fügeelementen wie Schrauben, Niete, Klebstoff, Lot u. a.) wird an dieser Stelle vernachlässigt. Darauf wird später im Abschnitt 7 bei der Beschreibung der einzelnen Beispiele näher eingegangen (siehe auch Abschnitt 4.1).

# 6 Auswahl von kombinierten Fügeverbindungen und notwendige Weiterentwicklungen

## 6.1 Vielfalt der kombinierten Fügeverbindungen

### 6.1.1 Theoretisch mögliche Gesamtzahl binärer kombinierter Fügeverbindungen

In einem Anschluß können kombinierte Fügeverbindungen mit zwei oder auch mit mehr als zwei elementaren Fügeverbindungen realisiert werden. Dementsprechend muß man zwischen binären, ternären usw. kombinierten Fügeverbindungen unterscheiden. Natürlich haben die binären kombinierten Fügeverbindungen den größten Anteil innerhalb der Vielfalt der bekannten kombinierten Fügeverbindungen. In /10/ wurde die theoretisch mögliche Gesamtzahl von binären kombinierten Fügeverbindungen anhand folgender Formel bestimmt:

$$N = n \times (n + 1) / 2.$$

In dieser Formel bedeuten:   N - Gesamtzahl der binären kombinierten Fügeverbindungen,

                                           n - Anzahl der entsprechenden elementaren Fügeverbindungen.

Daraus ergeben sich folgende Werte für die theoretisch mögliche Gesamtzahl von binären kombinierten Fügeverbindungen:

*6 Klassen kombinierter Fügeverbindungen* können aus

    3 Klassen elementarer Fügeverbindungen entstehen,

*45 Arten kombinierter Fügeverbindungen* können aus

    9 Arten elementarer Fügeverbindungen gebildet werden und

*300 Typen kombinierter Fügeverbindungen* können aus

    24 Typen elementarer Fügeverbindungen abgeleitet werden.

Werden die kombinierten Fügeverbindungen durch das Zusammenwirken z. B. von jeweils drei elementaren Fügeverbindungen in einem Anschluß gebildet, dann erhöht sich die mögliche Zahl der Klassen um 10 bereits auf den Wert 16.

### 6.1.2   Übersicht über bekannte kombinierte Fügeverbindungen

In den vorangegangenen Abschnitten ist bereits eine Vielzahl unterschiedlicher kombinierter Fügeverbindungen mehr oder weniger detailliert beschrieben worden. Es ist sicher verständlich, daß nicht alle theoretisch denkbaren Varianten auch technisch möglich und wirtschaftlich sinnvoll sind.

Im nachfolgenden wird eine ausgewählte Übersicht über die den Autoren bekannten und z. T. selbst entwickelten kombinierten Fügeverbindungen wiedergegeben. Sie wurde nach solchen wichtigen elementaren Fügeverbindungen wie Kraftschlußverbindungen (Schraubenverbindungen und Preßverbindungen) und Stoffschlußverbindungen (Preßschweißverbindungen, Preßlötverbindungen, Schmelzweißverbindungen, Schmelzlötverbindungen sowie Klebverbindungen) u. a. zusammengestellt:

**1. Kombinierte Fügeverbindungen mit Schraubenverbindungen**
**- binäre kombinierte Fügeverbindungen -**

| *Schrauben* | -Preßlöt-V. | *Schrauben* | -Schmelzlöt-V. |
|---|---|---|---|
| | -Schmelzschweiß-V. | | -Preßschweiß-V. |
| | -Kaltkleb-V. | | -Kerb-V. |
| | -Kaltniet-V. | | -Aufweit-V. |
| | -Linienschluß-V. | | -Flächenschluß-V. |
| | -Preß-V. | | -Sicken-V. |

**- ternäre kombinierte Fügeverbindungen -**

| *Schrauben* | -Preßlöt | -Flächenschluß-V. |
|---|---|---|
| | -Kaltniet | -Flächenschluß-V. |
| | -Preß | -Kleb-V. |
| | -Längspreß | -Flächenschluß-V. |
| | -Schrauben | -Klemm-V. |

**2. Kombinierte Fügeverbindungen mit Preßverbindungen**
**- binäre kombinierte Fügeverbindungen -**

| *Längspreß* | -Preßlöt-V. | *Längspreß* | -Rändel-V. |
|---|---|---|---|
| | -Sicken-V. | | -Schmelzschweiß-V. |
| | -Flächenschluß-V. | | -Bördel-V. |
| *Querpreß* | -Preßlöt-V. | *Querpreß* | -Kaltkleb-V. |
| | -Punktschluß-V. | | -Flächenschluß-V. |
| | -Kordel-V. | | -Schrauben-V. |
| | -Warmniet-V. | | -Linienschluß-V. |

**- ternäre kombinierte Fügeverbindungen -**

*Längspreß* -Flächenschluß  -Preßschweiß-V.

*Querpreß* -Preßlöt  -Punktschluß-V.

-Schrauben  -Preßlöt-V.

## 3. Kombinierte Fügeverbindungen mit Preßschweißverbindungen
### - binäre kombinierte Fügeverbindungen -

*Preßschweiß* -Schmelzlöt-V.          *Preßschweiß* -Warmniet-V.

-Schmelzschweiß-V.          -          -Kaltkleb-V.

-Warmkleb-V.          -Längspreß-V.

-Flächenschluß-V.          -Querpreß-V.

-Klemm-V.          -Bolzen-V.

-Falz-V.          -Spreiz-V.

-Schrauben-V.          -Preßschweiß-V.

-Kaltniet-V.          -Formschluß-V.

**- ternäre kombinierte Fügeverbindungen -**

*Preßschweiß* -Längspreß  -Sicken-V.

-Schnapp  -Klemm-V.

-Aufweit  -Flächenschluß-V.

## 4. Kombinierte Fügeverbindungen mit Preßlötverbindungen

*Es soll an dieser Stelle erneut darauf hingewiesen werden, daß entsprechend  unter "Preßlötverbindungen" solche Verbindungen zu verstehen sind, in denen Werkstoffe unterschiedlicher chemischer Zusammensetzung, aber gleicher chemischer Bindung im festen Zustand durch Anwendung von Druck und/oder Wärme stoffschlüssig gefügt wurden (siehe Abschnitt 5.3.2).*

**- binäre kombinierte Fügeverbindungen -**

*Preßlöt* -Schrauben-V.          *Preßlöt* -Flächenschluß-V.

**- ternäre kombinierte Fügeverbindungen -**

Preßlöt-Schrauben-Flächenschluß-V.

**5. Kombinierte Fügeverbindungen mit Schmelzschweißverbindungen**
**- binäre kombinierte Fügeverbindungen -**

*Schmelzschweiß* -Kaltkleb-V.          *Schmelzschweiß* -Aufweit-V.
          -Schmelzlöt-V.                    -Kegelpreß-V.,
          -Sicken-V.                        -Schmelzschweiß-V.
          -Kaltniet-V.                      -Bördel-V.
          -Falz-V.                          -Schrauben-V.
          -Einwalz-V.                       -Querpreß-V.
          -Stift-V.                         -Einsteck-V.

**- ternäre kombinierte Fügeverbindungen -**

*Schmelzschweiß* -Aufweit-Flächenschluß-V.
          -Preßlöt-Schmelzlöt-V.
          -Preßlöt-Flächenschluß-V.
          -Schrauben-Stift-V.
          -Querpreß-Flächenschluß-V.

**6. Kombinierte Fügeverbindungen mit Schmelzlötverbindungen**
**- binäre kombinierte Fügeverbindungen -**

*Schmelzlöt* -Warmniet-V.               *Schmelzlöt* -Einhäng-V.
          -Einschieb-V.                     -Kaltniet-V.
          -Bördel-V.                        -Schmelzschweiß-V.
          -Falz-V.                          -Stift-V.
          -Flächenschluß-V.                 -Kaltkleb-V.
          -Stauch-V.                        -Quetsch-V.
          -Verdrall-V.                      -Haken-V.
          -Schmelzlöt-V.                    -Schwalbenschwanz-V.
          -Warmkleb-V.                      -Schrauben-V.

**- ternäre kombinierte Fügeverbindungen -**

*Schmelzlöt*    -Längspreß-Flächenschluß-V.
          -Querpreß-Schrauben-V.
          -Schmelzlöt-Flächenschluß-V.

**7. Kombinierte Fügeverbindungen mit Klebverbindungen**
**- binäre kombinierte Fügeverbindungen -**

| *Kleb* | -Falz-V. | *Kleb* | -Bördel-V. |
|---|---|---|---|
| | -Kaltniet-V. | | -Näh-V. |
| | -Schrauben-V. | | -Falz-V. |
| | -Stift-V. | | -Schrauben-V. |
| | -Längspreß-V. | | -Kaltkleb-V. |

**8. Kombinierte Fügeverbindungen ohne stoffschlüssige Fügeverbindungen**
**- binäre kombinierte Fügeverbindungen -**

| Paßfeder-Stift-V. | Aufweit-Einhäng-V. |
|---|---|
| Niet-Sicken-V. | Falz-Sicken-V. |
| Falz-Quetsch-V. | Quetsch-Formschluß-V. |

Besonders interessante und wichtige der hier zusammengestellten kombinierten Fügeverbindungen werden im Abschnitt 7 detailliert beschrieben und analysiert. Die dort wiedergegebenen Beispiele aus entsprechenden Veröffentlichungen, Patentschriften, Firmenunterlagen und eigenen Arbeiten demonstrieren die ausgezeichneten Eigenschaften der kombinierten Fügeverbindungen. Der große Umfang der bereits heute schon verfügbaren kombinierten Fügeverbindungen unterstreicht die Notwendigkeit, aus den bekannten Varianten durch schnellen Zugriff eine geeignete Variante auswählen zu können. Im weiteren werden deshalb die möglichen Auswahlmethoden kurz beschrieben.

# 6.2 Methoden zur Auswahl von kombinierten Fügeverbindungen

## 6.2.1 Allgemeine Bemerkungen zur Vorgehensweise

Fügeverbindungen sind wie o. a. gleichberechtigt und gleichzeitig aus den elementaren und kombinierten Fügeverbindungen auszuwählen. Dabei werden, wie im Pkt. 3.2 beschrieben, die kombinierten Fügeverbindungen hauptsächlich ausgehend von folgenden Gründen bzw. Zielen angewendet:

1. zur *Gewährleistung der Fügbarkeit* insbesondere von neuen Werkstoffen,
2. zur *Sicherung einer optimalen Qualität* der jeweiligen Fügeverbindungen,
3. zur *Kostenminimierung* bei der Fertigung der entsprechenden Fügeverbindungen und
4. zur *Vermeidung von unzulässigen Folgeschäden* bei Versagen einer der elementaren Fügeverbindungen.

Im Prinzip folgen die Auswahlmethoden diesen Zielsetzungen. Für die erfolgreiche Auswahl von entsprechenden kombinierten Fügeverbindungen müssen in der Industrie aber grundsätzlich folgende Voraussetzungen gewährleistet sein:

1. die Mitarbeiter der Entwicklungs-, Konstruktions- und Fertigungsabteilungen müssen gleich gut über die Möglichkeiten der kombinierten Fügeverbindungen informiert und für ihre Anwendung motiviert sein;

2. in den Unternehmen ist eine Datenbank zu erarbeiten, in der bekannte sowie selbst entwickelte kombinierte Fügeverbindungen nach einheitlichen Merkmalen erfaßt und durch interne Daten z. B. über den entsprechenden Fertigungsaufwand oder spezielle Verbindungs-Eigenschaften ergänzt sind.

Im vorliegenden Buch wird dazu - nach der allgemeinen Beschreibung der einheitlichen Merkmale von Fügeverbindungen in den vorangegangenen Abschnitten -, an dieser Stelle die mögliche Struktur der Darstellung dieser Informationen und das methodische Vorgehen bei der Verbindungsauswahl kurz beschrieben. Die angeführten Schemata sind nur Beispiele und erheben keinen Anspruch auf Vollständigkeit. Das erklärt sich u. a. aus der bereits mehrfach genannten Vielfalt der bekannten Varianten von kombinierten Fügeverbindungen.

## 6.2.2    Auswahl von kombinierten Fügeverbindungen zur Gewährleistung der Fügbarkeit

Die Auswahl von kombinierten Fügeverbindungen mit dem Ziel der Gewährleistung der Fügbarkeit besonders von schwerfügbaren Werkstoffen sowie Werkstoffkombinationen oder neueren Werkstoffen kann mittels einer gewöhnlichen Dreiecksmatrix (siehe Bild 39. mit insgesamt 13 Varianten für das Fügen von Stählen mit Kupfer) durchgeführt werden. Dazu sind auf der horizontalen und vertikalen Achse die relevanten Werkstoffe in umgekehrter Reihenfolge aufgetragen. In den entstehenden Feldern sind die aus der technischen Literatur bekannten bzw. die im Unternehmen selbst entwickelten Varianten von kombinierten Fügeverbindungen z. B. durch entsprechende Cod-Nummern angegeben.

Damit können der Datenbank die konkreten Angaben zu den Werkstoffen, der geometrischen Gestaltung der Fügeverbindung, den fertigungstechnischen Verfahren und Parametern sowie zu den erreichbaren Eigenschaften für die jeweilige kombinierte Fügeverbindung, ähnlich wie im 7. Kapitel dargestellt, entnommen werden. Ihre Anwendbarkeit für die Lösung der eigenen Aufgabe ist abzuschätzen bzw. zu bewerten. Gegebenenfalls ist durch entsprechende Entwicklungsarbeiten eine ausgewählte Lösung anzupassen.

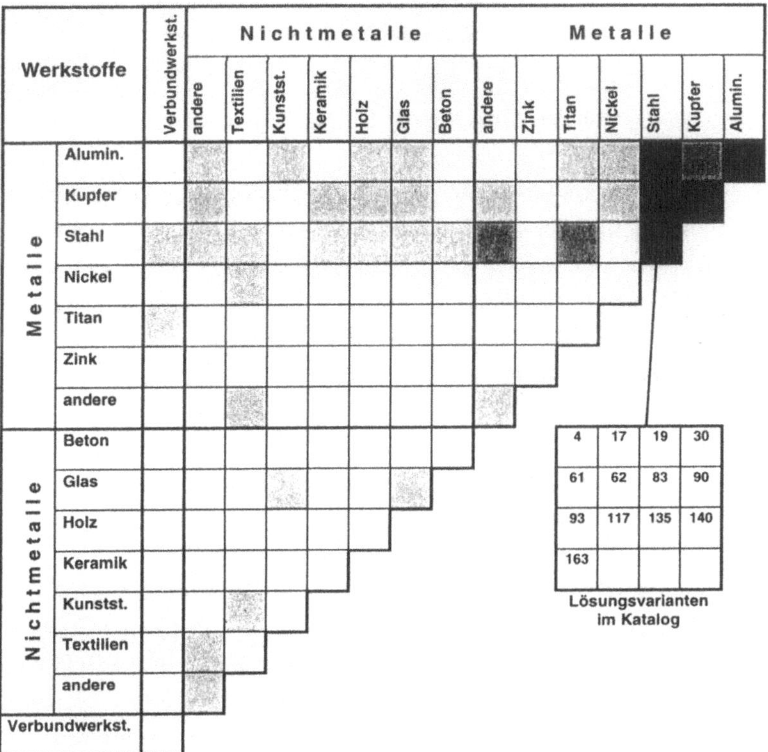

**Bild 39.**   Werkstoffmatrix zur Auswahl kombinierter Fügeverbindungen mit ausreichender Fügbarkeit (hell schattiert - wenige Lösungen, dunkel schattiert - mehrere Lösungen, sehr dunkel schattiert - außerordentlich viele Lösungen)

Danach ist die gefundene Lösung auch hinsichtlich der Erfüllung der Forderung nach optimaler Qualität sowie nach minimalem Fertigungsaufwand zu überprüfen. Unzureichende Ergebnisse führen auch hier zu entsprechenden Entwicklungsaufgaben oder - im ungünstigsten Fall - , zur Substitution des vorgesehenen Werkstoffs.

Eine Zwischenauswertung der z. Zt. im Katalog erfaßten Varianten zeigt, daß derartige Verbindungskombinationen besonders häufig beim Fügen ungleichartiger oder artfremder Werkstoffe angewendet werden. Dazu gehören kombinierte Fügeverbindungen z. B. zwischen folgenden Werkstoffen:

| | | |
|---|---|---|
| *Fe-C-Legierungen* | mit Aluminium | - 18 Varianten, |
| | mit Kupfer | - 13 Varianten, |
| | mit Zirkonium | -  6 Varianten, |
| | mit Titan | -  5 Varianten, |
| *Aluminiumlegierungen* | mit Kupfer | -  7 Varianten. |

Die relativ große Zahl derartiger kombinierter Fügeverbindungen erklärt sich daraus, daß
diese Werkstoffe sich oft schwer unmittelbar miteinander z. B. durch Schweißen verbinden
lassen. Auch das Löten ist - metallurgisch bedingt - nicht immer kostengünstig anwendbar.
Natürlich werden kombinierte Fügeverbindungen auch zum Verbinden gleichartiger
Werkstoffe angewendet (u. a. 70 Varianten für Fe-C-Legierungen, jeweils 12 Varianten für
Aluminium- bzw. Kupfer-Werkstoffe).


### 6.2.3   Auswahl von kombinierten Fügeverbindungen zur Sicherung der optimalen Qualität

In neuzuentwickelnden Produkten wird zunehmend ein immer umfangreicherer Komplex
solcher unterschiedlichen Eigenschaften wie z. B. hohe statische Festigkeit, Dichtheit, Korrosionsbeständigkeit und gute Wärmeleitfähigkeit gefordert. Diesen Anforderungen müssen
auch die in diesen Produkten vorgesehenen Fügeverbindungen entsprechen. Deshalb ist unter
der *optimalen Qualität der Fügeverbindungen* der für das entsprechende Produkt
ausreichende Grad der Übereinstimmung der in ihnen vorhandenen mit den erforderlichen
Eigenschafts-feldern zu verstehen.

Zur Auswahl der möglichen Fügeverbindungen, die in diesem Fall wie o. a. ja immer feste
Verbindungen sind, ist die Hauptanforderung bzw. Grundeigenschaft "Festigkeit" zu
beachten. Oft erfordert das jeweilige Beanspruchungsfeld aber neben einer weiteren Festigkeitssteigerung auch noch die Gewährleistung anderer Eigenschaften wie z. B.

-        Temperaturbeständigkeit,
-        Korrosionsbeständigkeit,
-        elektrische bzw. thermische Leitfähigkeit,
-        Dichtheit,
-        Sicherheit gegen unbeabsichtigtes Lösen,
-        Lösbarkeit,
-        Maßgenauigkeit,
-        Zuverlässigkeit u/o
-        Wirtschaftlichkeit.

Die Auswahl der kombinierten Fügeverbindungen kann wiederum mittels einer entsprechenden Matrix erfolgen. Die in Bild 40. dargestellte Matrix zeigt nur mögliche Varianten von jeweils zwei (äußeres Feld der Matrix) bzw. drei (inneres Feld der Matrix) Anforderungen. Sie wird ergänzt durch eine hier nicht gezeigte zweite Matrix, die dann schon die Varianten für vier Anforderungen enthält.

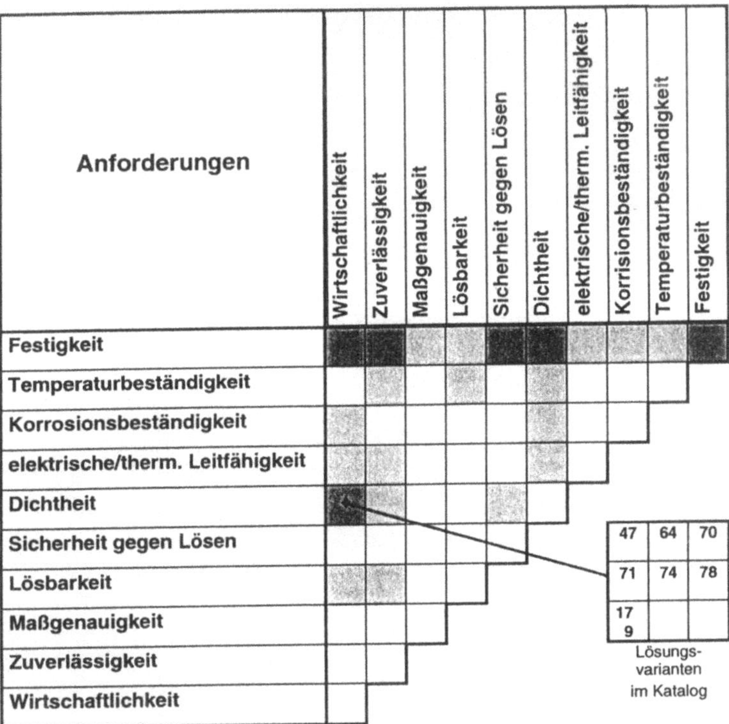


**Bild 40.**   Anforderungsmatrix zur Auswahl kombinierter Fügeverbindungen mit optimaler Qualität (hell schattiert - wenige Lösungen, dunkel schattiert - viele Lösungen)

In diesem Bild sind für ein Beanspruchungsfeld mit den drei Anforderungen "Festigkeit", "Dichtheit" und "Wirtschaftlichkeit" als Beispiel insgesamt 7 kombinierte Fügeverbindungen (Nr. 47, 64 usw.) im o. a. Katalog beschrieben. Bild 41. zeigt dazu einen zusammenfassenden Überblick über die aus Literatur, Patenten und Praxis bekannten Varianten der *Kombination von Preßverbindungen mit anderen Fügeverbindungen*. Dadurch gelingt es, die erforderliche Qualität dieser Preßverbindungen zu gewährleisten. Das Fehlen einiger Kombinationen kann sich daraus erklären, daß diese Varianten prinzipiell nicht realisierbar oder noch nicht entwickelt sind.

| Preßverbindung | Formschlußverbind. | Warmnietverbindung | Schraubenverbindung | Klebverbindung | Preßlötverbindung | Schmelzlötverbindung | Preßschweißverbind. | Schmelzschweißverbind. | FormschlußPreßlötVerbind. | FormschlußLöt-Verb. |
|---|---|---|---|---|---|---|---|---|---|---|
| Festigkeit | | | | | | | | | | |
| Dichth. | | | | | | | | | | |
| elektr. Leitfäh. | | | | | | | | | | |
| Lösbarkeit | | | | | | | | | | |
| Sicherg. g. Lösen | | | | | | | | | | |
| Korros.beständ. | | | | | | | | | | |
| Temp.beständ. | | | | | | | | | | |

**Bild 41.** Übersicht über *kombinierte Preßverbindungen*, die optimal unterschiedlichen Beanspruchungsfeldern entsprechen (hell schattiert - wenige Lösungen, dunkel schattiert - viele Lösungen)

| Preßschweißverbindung | Flächenschlußverbindung | Nietverbindung | Preßverbindung | Schmelzlötverbindung | Preßschweißverbindung | Schmelzschweißverbindung |
|---|---|---|---|---|---|---|
| Festigkeit | | | | | | |
| Dichtheit | | | | | | |
| elektr. Leitfäh. | | | | | | |
| Lösbarkeit | | | | | | |
| Fügbarkeit | | | | | | |
| Sicher. g. Lösen | | | | | | |
| Korros.-beständ. | | | | | | |
| Temp.-beständ. | | | | | | |

**Bild 42.** Übersicht über *kombinierte Preßschweißverbindungen*, die optimal unterschiedlichen Beanspruchungsfeldern entsprechen (Legende: siehe Bild 41.)

Das Bild 42. zeigt die analoge Übersicht über die *Kombination von Preßschweißverbindungen mit anderen Fügeverbindungen*. Auch hier ist das Ziel die Gewährleistung der erforderlichen, d. h. optimalen Qualität dieser kombinierten Fügeverbindungen.

Als letztes Beispiel soll an dieser Stelle eine Übersicht über die *Kombination von Schmelzlötverbindungen mit anderen Fügeverbindungen* mit dem Ziel der Gewährleistung der optimalen Verbindungsqualität gegeben werden (Bild 43.).

| *Schmelz-lötverbind.* | Formschluß-verbindung | Niet-verbindung | Schrauben-verbindung | Kleb-verbindung | Preßschweiß-verbindung | Schmelz-schweißverb. | Querpreß-schrauben-V. |
|---|---|---|---|---|---|---|---|
| Festigkeit | | | | | | | |
| Dichtheit | | | | | | | |
| elektr.Leitf. | | | | | | | |
| Lösbarkeit | | | | | | | |
| Sicher.g.Lösen | | | | | | | |
| Korros.-best. | | | | | | | |
| Temper.-best. | | | | | | | |
| Fügbarkeit | | | | | | | |

**Bild 43.**   Übersicht über *kombinierte Schmelzlötverbindungen*, die optimal unterschiedlichen Beanspruchungsfeldern entsprechen (Legende: siehe Bild 41.)

Bei der Auswahl und Anwendung von kombinierten Fügeverbindungen zur Gewährleistung ihrer optimalen Qualität ist zu beachten, daß in bestimmten Varianten sich die entsprechenden elementaren Verbindungen durch ihre unterschiedlichen, spezifischen Eigenschaften gleichberechtigt ergänzen. So können z. B. Überlapp-Stöße von Dünnblechen sowohl durch Widerstands-Punktschweißen, als auch durch Kleben stoffschlüssig gefügt werden. Die elementaren Schmelzschweißverbindungen, die beim Punktschweißen entstehen, können zwar eine ausreichende Festigkeit aufweisen, haben aber oft eine unzureichende Dichtheit gegenüber Gasen und Flüssigkeiten. Dagegen zeichnen sich Klebverbindungen durch ihre ausgezeichnete Dichtheit aus. Deshalb werden kombinierte Schmelzschweiß-Kleb-Verbindungen sehr gut dem Beanspruchungsfeld "Festigkeit und Dichtheit" entsprechen. In anderen Varianten von kombinierten Fügeverbindungen gewährleistet eine der elementaren Fügeverbindungen primär die erforderliche Verbindungseigenschaft. Die andere bzw. anderen elementaren Verbindungen verbessern diese Eigenschaft und ergänzen sie evtl. auch noch durch andere wichtige Eigenschaften. Als Beispiel kann hier die längsgepreßte Welle-Nabe-Verbindung genannt werden.

Um die Übertragungeigenschaften der üblichen elementaren Preßverbindungen zu verbessern, kann die Welle vor dem Einpressen in die Nabe mit Lot metallisiert werden. Die so gefertigte Welle-Nabe-Verbindung ist eine kombinierte Preß-Preßlöt-Verbindung, da das Lot zu entsprechenden und im festen Zustand entstehenden Lötverbindungen führt. Diese lokalen Preßlötverbindungen erhöhen selbstverständlich die Übertragungseigenschaften der primären Welle-Nabe-Verbindung. Gleichzeitig verbessert sich aber auch ihre Zuverlässigkeit, da die Lötverbindungen die Bildung von Passungsrost in der Fügefläche verhindern.

Die hier kurz dargestellte Vorgehensweise zur Auswahl von kombinierten Fügeverbindungen ist natürlich nicht vollständig. Das gilt auch für die angegebenen Übersichten und verbal beschriebenen Beispiele. Trotzdem sind die Auswahlregeln zu erkennen. Weiteren Arbeiten bleibt es vorbehalten, dieses Regelwerk zu ergänzen und für die rechnerunterstützte Arbeit des Konstrukteurs und Fertigungstechnikers aufzubereiten.


## 6.3    Notwendige Weiterentwicklungen auf dem Gebiet der kombinierten Fügeverbindungen

Der Erkenntnisstand auf dem Gebiet der kombinierten Fügeverbindungen zeigt bereits heute schon eine überraschend große Vielfalt und Anzahl derartiger Verbindungskombinationen. Eine erste zusammenfassende Übersicht gibt dieses Buch. *Ziel der weiteren Arbeiten sollte u. a. die Ableitung von Regeln zur zweckentsprechenden Kombination von elementaren Fügeverbindungen und die Formulierung von Methoden zur Bewertung der Eigenschaften der so gebildeten kombinierten Fügeverbindungen sein.*

Als ein Beispiel für derartige Kombinationsregeln und Bewertungsmethoden sollen hier die *Sicherungen von festen Schraubenverbindungen* angeführt werden. Die üblichen elementaren Schraubenverbindungen müssen als Kraftschlußverbindungen primär die mechanischen Beanspruchungen durch angreifende Kräfte u/o Momente ohne Schädigung und Bruch zuverlässig ertragen. Damit entsprechen sie der Eigenschaft "Festigkeit".

Erfolgt nun ein Angriff von schwingenden oder schlagenden Lasten, dann kann ein zusätzliches Sichern erforderlich werden (siehe z. B. /58, 59/). Dabei ist u. a. nach /60/ zwischen folgenden unterschiedlichen Aufgaben des Sicherns zu unterscheiden:

- *Sichern gegen Verlust der Vorspannung,*
- *Sichern gegen Lockern und Losdrehen* sowie
- *Sichern gegen Verlieren.*

Das in diesem Fall erforderliche Sichern von derart beanspruchten Schraubenverbindungen kann u. a. durch ihre Kombination mit anderen elementaren Fügeverbindungen erfolgen. Damit entstehen dann die in diesem Buch betrachteten *kombinierten Schraubenverbindungen* mit:

* *nicht mitverspannten Formschlußverbindungen*
    u. a. durch Nutzung von Splinten, Legeschlüsseln oder Sicherungsdrähten;

* *mitverspannten Formschlußverbindungen*
    wie z. B. unter Anwendung von Sicherungsblechen mit Lappen,
    Nasen, zwei Lappen oder Innennase;

* *unmittelbaren Kraftschlußverbindungen*
    wie z. B. durch Anwendung von selbstsichernden Muttern oder
    Sperrzahn-Schrauben;

* *mittelbaren Kraftschlußverbindungen*
    u. a. unter Anwendung von Federringen, Federscheiben,
    federnden Zahnscheiben, Fächerscheiben oder Sicherungsmuttern;

* *mittelbaren Stoffschlußverbindungen*
    z. B. durch Anbringen von lokalen Klebverbindungen,
    Lötpunkten oder Schweißpunkten.

Damit verfügen dann diese kombinierten Schraubenverbindungen neben der primären Eigenschaft "Festigkeit" auch die zusätzliche Eigenschaft "Sicherheit gegen unbeabsichtigtes Lösen".

Für solche kombinierten Schraubenverbindungen sind bereits entsprechende *Bewertungen* bekannt. So zeigt z. B. Bild 44 eine derartige Bewertung für ausgewählte Varianten nach /58/. In dieser Übersicht sind neben den eigentlichen Sicherungseigenschaften zusätzlich auch noch andere Einsatzeigenschaften wie "Verletzung der Oberfläche" usw. ausgewiesen. Die Bewertung erfolgte dabei nach quasiquantitativen Aussagen von "1 = sehr gut" bis "5 = schlecht". Zur Beurteilung der Zuverlässigkeit der elementaren und kombinierten Schraubenverbindungen wird als wichtigster Faktor der Abfall der Vorspannkraft genutzt. Für verschiedene Verbindungsvarianten zeigt dazu Bild 45. nach /60/ die Ergebnisse von entsprechenden Untersuchungen auf einem Rüttelprüfstand .

Die Übersicht über *kombinierte Preßverbindungen* in /41/ enthält ähnliche Kombinationsregeln und Bewertungsmethoden. Bild 46, abgebildet auf der Seite 70, zeigt eine systematische Gegenüberstellung von elementaren und kombinierten Preßverbindungen. Dabei wurde die Preßverbindung mit einer tonnenförmigen Fügefläche (entspricht einer kombinierten Kraftschluß-Formschluß-Verbindung) nicht dargestellt.

| Bewertung<br><br>1: sehr gut<br>2: gut<br>3: befriedigend<br>4: unbefriedigend<br>5: schlecht<br><br>Gruppe | Beispiel | Sicherungseigenschaft | | | | Verletzung der Oberfläche | Wiederverwendbarkeit | Montagekosten | Preis |
|---|---|---|---|---|---|---|---|---|---|
| | | Vorspannungs-erhaltung | Sicherung gegen Verlieren | Abhängigkeit von Gegenmaterial | Temperatur-abhängigkeit (bis ca. 120 °C) | | | | |
| mitverspannte federnde Elemente | | 4 bis 5 | 4 bis 5 | 3 bis 5 | 1 bis 2 | 3 bis 5 | 2 bis 4 | 1 bis 4 | 1 bis 4 |
| formschlüssige Elemente | | 3 bis 4 | 2 bis 4 | 1 bis 2 | 1 bis 2 | 1 bis 2 | 3 bis 5 | 4 bis 5 | 3 bis 5 |
| klemmende Elemente | | 3 bis 4 | 1 bis 2 | 1 bis 2 | 2 bis 5 | 1 bis 2 | 2 bis 4 | 2 bis 3 | 3 bis 4 |
| sperrende (verzahnte) Elemente | | 1 bis 2 | 1 bis 2 | 3 bis 5 | 1 bis 2 | 2 bis 5 | 3 bis 4 | 1 bis 2 | 1 bis 3 |
| klebende Elemente | | 1 bis 2 | 1 bis 2 | 1 bis 2 | 4 bis 5 | 1 bis 2 | 4 bis 5 | 3 bis 5 | 3 bis 4 |

**Bild 44.**   Bewertung von Schrauben-Sicherungsvarianten nach /58/

Die Auswahl der jeweiligen elementaren oder kombinierten Preßverbindung erfolgte hier nach den geforderten Eigenschaften (Bild 47) und anhand des fertigungstechnischen Aufwandes für die Herstellung dieser Fügeverbindungen (Bild 48). Die Bewertung wurde dabei in vier Stufen von "0 = nicht gewährleistet" bis "3 = sehr gut gewährleistet" durchgeführt. In /41/ wurden außerdem auch die für die rechnerische Auslegung der kombinierten Preßverbindungen erforderlichen Haftbeiwerte angegeben (Bild 49).

*Die weiteren Arbeiten zu den kombinierten Fügeverbindungen sollte nach Meinung der Autoren hauptsächlich in Richtung der hier beispielhaft dargestellten Auswahlregeln und Bewertungsmethoden für alle anderen wichtigen elementaren Fügeverbindungen wie z. B. Nietverbindungen, Durchsetzfügeverbindungen, Klebverbindungen, Löt-verbindungen durchgeführt werden. Daneben sollten auch die für einzelne Baugruppen bedeutsamen Fügeverbindungen wie Platte-Platte-Verbindungen, Platte-Profil-Verbin-dungen, Rohr-Rohr-Verbindungen u. ä. berücksichtigt werden.*

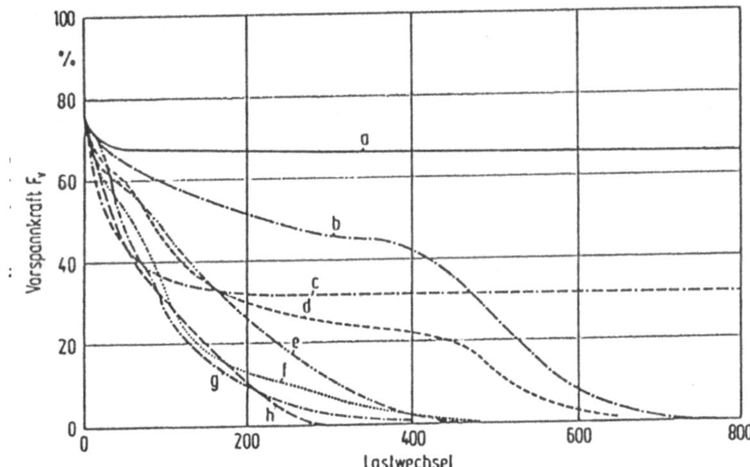


**Bild 45.**   Verhalten unterschiedlicher mit der *Schraubverbindung* mitverspannter federnder Elemente unter Schwingbeanspruchung auf einem Rüttelprüfstand nach /60/:

a - optimierte Sperrzahnschraube, b - Federscheibe DIN 137, c - Zahnscheibe
DIN 6798 Form A, d - Federring DIN 127 Form A, e - Hochspannfederring DIN 128
Form B, f - Federring DIN 127 Form B,  g - Hochspannfederring DIN 128 Form A,
h - Sechskantschraube DIN 933 ohne federndes Element

| Preßverbindungen | | | | | | |
|---|---|---|---|---|---|---|
| elementare Preßverbindungen | | kombinierte Preßverbindungen | | | | |
| ohne Schmierfilm<br>ohne Oberflächen-schicht<br>ohne Zwischen-stoff | mit Schmierfilm<br>ohne Oberflächen-schicht<br>ohne Zwischen-stoff | ohne Schmierfilm<br>mit Oberflächenschicht<br>ohne Zwischenstoff | | | ohne Schmierfilm<br>mit Oberflächenschicht<br>mit Zwischenstoff | |
| | | mit nichtmetallischer anorganischer Oberflächen-schicht | mit nichtmetallischer organischer Oberflächen-schicht | mit metallischer Oberflächen-schicht | mit nichtmetallischer organischer oder anorganischer Oberflächen-schicht | mit metallischer Oberflächen-schicht |
| Preßverbindung mit trockenen Fügeflächen | Preßverbindung mit geschmierten Fügeflächen | Preßverbindung mit verbundstabilen Konver-sionsschichten | geklebte Preßverbindung | Preßverbindung mit metallischer Zwischenschicht | Preßverbindung mit eingelagerten harten Partikeln | |
| Kraftschluß | Kraftschluß | Kraftschluß und Formschluß | Kraftschluß und Stoffschluß | | Kraftschluß und Formschluß | Kraftschluß und Stoffschluß und Formschluß |

**Bild 46.** Übersicht über wichtige elementare und kombinierte Preßverbindungen nach /41/

| **Eigen-schaften** | **Preßverbindungs-Typen** | | | | |
|---|---|---|---|---|---|
| | mit trockenen Fügeflächen | mit geschmiert. Fügeflächen | mit verbundsta-bilen Konver-sionsschicht. | mit metallischen Schichten | mit harten Partikeln |
| statische Tragfähigkeit | 3 | 1 | 2 | 3 | 3 |
| dynamische Tragfähigkeit | 1 | 2 | 3 | 3 | 1 |
| elektrische Leitfähigkeit | 1 | 0 | 0 | 3 | $0^{*}$ $2^{**}$ |
| Wärme-leitfähigkeit | 1 | 0 | 0 | 3 | 2 |
| wiederholte Lösbarkeit | 0 | 3 | 3 | 1 | $0^{*}$ $1^{***}$ |
| Anwendbark. b.erhöht.T | 1 | 1 | 1 | 3 | $1^{*}$ $3^{*}$ |
| Anwendbark. in korr. Med. | 0 | 2 | 3 | 3 | 1 |

Legende:

0 = nicht gewährleistet     * = ohne Beschichtung
1 = befriedigend gewährl.     ** = mit Metallschicht
2 = gut gewährleistet     *** = mit Polymerschicht
3 = sehr gut gewährleistet

**Bild 47.**    Auswahl der elementaren und kombinierten Preßverbindungen nach erforderlichen Eigenschaften /41/

| **Aufwand zur Herstellung** | **Preßverbindungs-Typen** | | | | |
|---|---|---|---|---|---|
| | mit trockenen Fügeflächen | mit geschmiert. Fügeflächen | mit verbundstab-ler Konver-sionsschicht. | mit metallischen Schichten | mit harten Partikeln |
| **Herstellung** | 3 | 2 | 1 | 1 | 0 |

Legende:     0 = sehr hoch   1 = hoch   2 = gering   3 = sehr gering

**Bild 48.**    Auswahl der elementaren und kombinierten Preßverbindungen nach fertigungstechnischem Aufwand /41/

| Schicht-metall | Schicht-dicke/µm | Haftbeiwerte | | |
|---|---|---|---|---|
| | | Längspressen | Querpressen durch Dehnen | Querpressen durch Schrumpfen |
| Zink | 15 | 0,53 | 0,69 | 0,47-0,45 bei s = 9-14 µm |
| Kupfer | 20 | 0,48 | 0,61 | |
| Kadmium | 15 | 0,43 | 0,50 | |
| Chrom | 10 | 0,82 | 0,44 | |
| Nickel | 10 | 0,73 | 0,51 | 0,21 bei s = 21 µm |
| Nickel + Kupfer | 11 + 7 | | | 0,71 |

**Bild 49.**   Haftbeiwerte für kombinierte Preßverbindungen nach /41/ - Werte für verbundstabile Konversionsschichten = 0,2; für eingelagerte harte Partikel > 0,2 und für Klebstoffschicht = 0,4 - 0,6

# Literatur zu den Abschnitten 1 - 6


1.  Verbundwerkstoffe - Nachschlagewerk. Verlag Maschinostrojenije, Moskau, 1990

2.  H. Winarske: Abdichten und Kleben im Karosseriebau aus korrosionsschützender Sicht. In: Aktuelle und zukünftige Aufgaben beim Kleben und Dichten in der Praxis des Fahrzeugbaus. Seminar in Rosenheim, 6/1985, S. 129-141

3.  H. v. Voithenberg: Einsatz von Bördelfalzklebstoffen in der Fahrzeugindustrie. In: Strukturelles Kleben und Dichten im Fahrzeugbau. Fertigungstechnische Aufgaben und Lösungen in Gegenwart und Zukunft. Seminar in Rosenheim, 10/1988, Hinterwaldner-Verlag 1988, S. 128-142

4.  H. Lechner: Punktschweißkleben im Vergleich zu anderen Karosserie-Fügeverfahren aus der Sicht der Betriebsfestigkeit. In: Fügetechniken im Vergleich. VDI-Berichte 883. VDI-Verlag Düsseldorf, 19.., S. 55-84

5.  L. Dorn, G. Moniatis: Punktschweißen, Kleben und Punktschweißkleben von Blechen aus hochfestem Stahl - Vergleich der Festigkeit der Verbindungen bei statischer und dynamischer Beanspruchung. Schweißen und Schneiden 39(1987), H. 1, S. 24-29

6.  L. Dorn, G. Moniatis: Kleben und Punktschweißkleben von Blechen aus hochfestem Stahl - Festigkeitsverhalten der Verbindungen nach Alterung. Schweißen und Schneiden 40(1988), H. 1, S. 19-23

7.  D. Knoll: Punktschweißen und Kleben im Karosserie-Rohbau. Adhäsion (1991), H. 12, S. 25-31

8.  K. Wittke u. a.: Fügeverbindungen - Definition, Merkmale, Systematisierung. Wissenschaftliche Zeitschrift der TH Karl-Marx-Stadt, Karl-Marx-Stadt 27 (1985) 4, S. 635-642

9.  K. Wittke, U. Füssel: Kombinierte Fügeverbindungen - Definition, Merkmale, Systematisierung.Wissenschaftliche Zeitschrift der TH Karl-Marx-Stadt, 27 (1985) 4, S. 643-652

10.  K. Wittke, U. Füssel: Kombinierte Fügeverbindungen. Wissenschaftliche Schriftenreihe der TU Karl-Marx-Stadt. Karl-Marx-Stadt, 1986, Nr. 13

11.  G. Speer: Lehrblätter Fertigungstechnik - Fügen. Zeitschrift für wirtschaftliche Fertigung. München 79 (1984) 12, S. 627-628

12. E. Richter, W. Schilling, M. Weise: Tabellenbuch Montage. Verlag Technik. Berlin 1984

13- L. Schwarmann, K. Hoffer: Lebensdauererhöhung genieteter Fügeverbindungen durch Aufdornen der Nietbohrung. Aluminium. Düsseldorf 61 (1985) 10, S. 746-752

14. M. Bolt, O. Hahn: Durchsetzfügungen für hochbeanspruchte Blechteile. DFB-Kolloquium "Mechanische Blechfügetechnik heute". Fellbach, 1990

15. Schmid, G.; Singh, S.: Qualitätssicherung bei Durchsetzfügungen im Automobilbau. DFB-Kolloquium "Mechanische Blechfügetechnik heute". Fellbach, 1990

16. L. Budde, O. Hahn: Durchsetzfügen und Kleben. DFB-Kolloquium "Mechanische Blechfügetechnik heute". Fellbach, 1990

17. J. Maier u. a.: Festigkeitsverhalten von Durchsetzfügungen aus Aluminiumblech. DFB-Kolloquium "Mechanische Blechfügetechnik heute". Fellbach, 1990

18. G. Glomske: Fügeverbindungen in Millisekunden - Magnetumformen von Aluminium. Aluminium-Journal. Aluminium-Zentrale, Düsseldorf

19. D. Ehrel u. a. : Alternative Verbindungstechnik Clinchen. DVS-Bericht Bd. 124, Düsseldorf. S. 36-40

20. H. Drahtmüller, W. Lohr: Anaerobe Stoffe zum Sichern und Kleben. Maschinenmarkt, Würzburg. 96 (1990) Nr. 23, S. 107-110

21. Einführung in die Klebtechnik. Loctide-Deutschland-GmbH, München, 1989

22. E. H. Schindel-Bidinelli, W. Gutherz: Konstruktives Kleben - ein Lehrgang. VCH Verlagsgesellschaft mbH. Weinheim. 1988

23. W. Jorden, U. Neumann: Fügetechnik im Spannungsfeld zwischen Funktion, Fertigung und Recycling. In: Fügetechniken im Vergleich: Werkstoff - Konstruktion - Fertigung. VDI-Berichte Nr.883. VDI-Verlag. Düsseldorf 1991, S. 1-18

25. Sint - Richtlinie Fügen von Sinterteilen. DIN V 30912, Teil 5, 06/86./25/ - Fertigungsverfahren Fügen. DIN 8593/1, 05/85

26. VDI 2232: Methodische Auswahl fester Verbindungen - Systematik, Konstruktionskataloge, Arbeitshilfen. Juli 1990

27. R. Koller: Konstruktionsmethode für Maschinen-, Geräte- und Apparatebau. Springer-Verlag, Berlin-Heidelberg-New York, 1976

28. W. Tochtermann, F. Bodenstein: Konstruktionselemente des Maschinenbaus - Entwerfen, Gestalten, Berechnen, Anwendungen. Springer-Verlag. Berlin-Heidelberg-New York, 1979

29. Gelötete Einsteckverbindung. Patentschrift SU 946860, IPK B 23 K 33/00

30. F. A. Albrecht: Tabellenbuch Rohrverbraucher. Verlag für Grundstoffwissenschaften, Leipzig, 6. Auflage

31. K.-H. Decker: Maschinenelemente - Gestaltung und Berechnung. Carl Hanser Verlag. München Wien, 1990

32. H. Ringhandt: Feinwerkelemente - Einführung in die Gestaltung und Berechnung. Carl Hanser Verlag. München Wien, 1979

33. VDI Bericht Nr. 883: Fügetechniken im Vergleich - Werkstoff - Konstruktion - Fertigung. VDI Verlag. Düsseldorf, 1991

34. K. Wittke u. a.: Hochtemperaturschmelzlöten von Baustahl mit Kohlenstoffstahl im Vakuum. Schweißtechnik (Berlin), 32(1982)10, S. 440-442

35. K. Wittke: Engspaltlöten - Verfahrensvarianten, Vorteile und Anwendungsgebiete. Schweißtechnik (Berlin), 33(1983)2, S. 60-61

36. K. Wittke, U. Füssel: Nutzung von lokalen Preßlötverbindungen zur Erhöhung der Tragfähigkeit von Preßverbindungen. ZIS-Mitteilungen (Halle), 25(1983)4, S. 314-322

37. K. Wittke, F. Rössiger: Hochtemperaturlöten von Stählen mit Kupfer-Zinn-Loten zur Herstellung von kombinierten Fügeverbindungen des Typs "Schmelzlötverbindung - Schmelzschweißverbindung". ZIS-Mitteilungen (Halle), 25(1983)4, S. 394-399

38. U. Füssel: Anwendung des Preßlötens zur Herstellung von kombinierten Füge-verbindungen. Dissertation A, TH Karl-Marx-Stadt, 1984

39. K. Wittke, F. Krause: Zur Schmelzlötbarkeit der Stähle UR-X5CrNi13, 210Cr46 und 30CrMoV9. Schweißtechnik (Berlin), 34(1984)11, S. 488-490

40. K. Wittke: Struktura i svoistva kombinirowannych sojedinenij pri paike stalej (Gefüge und Eigenschaften kombinierter Fügeverbindungen beim Löten von Stählen). In: Pripoj dlja paiki sovremjennych materialov (Lote zum Löten moderner Werkstoffe). Verlag des Paton-Institues für Elektroschweißen, Kiev, 1985, S. 25-29

41. U. Füssel u. a.: Einsatz von elementaren und kombinierten Preßverbindungen. Wissenschaftliche Schriftenreihe der TH Karl-Marx-Stadt, 3/85

42.  K. Wittke, U. Füssel: Einsatz kombinierter Fügeverbindungen in der Elektronik. Schweißtechnik (Berlin), 35(1985)3, S. 105-107

43.  K. Wittke, U. Füssel, V. Großer: Festigkeitssteigerung durch kombinierte Fügeverbindungen. ZIS-Mitteilungen (Halle), 27(1985)4, S. 363-370

44.  K. Wittke, R. Bosler: Scherfestigkeit von wärmebehandelten Schmelzlöt-Schmelzschweißverbindungen an Stählen. Schweißtechnik (Berlin), 37(1987)3, S. 107-108

45.  U. Füssel: Kombinierte Fügeverbindungen. Habilitation, TU Karl-Marx-Stadt, 1989

46.  K. Wittke, U. Füssel: Anwendung von Spezial-Schweißverfahren zur Herstellung von kombinierten Fügeverbindungen. ZIS-Mitteilungen (Halle), 31(1989)1, S. 67-75

47.  K. Wittke, U. Füssel: Kombinierte Fügeverbindungen mit Lötverbindungen im Katalog "Kombinierte Fügeverbindungen". ZIS-Mitteilungen (Halle), 31(1989)4, S. 363-370

48.  K. Wittke, U. Füssel, A. Demmler: Einige Entwicklungsergebnisse zum Löten im Maschinenbau. In: Hart- und Hochtemperaturlöten, DVS-Berichte, Bd. 132, DVS-Verlag Düsseldorf, 1990, S. 9-11

49.  K. Wittke, U. Füssel: Kombinierte Fügeverbindungen als alternative Lösungen der Fügetechnik. VDI-Tagung "Fügetechniken im Vergleich", Baden-Baden, 24.-25.04.1991. VDI-Berichte Nr. 883, S. 309-316

50.  U. Füssel, K. Wittke: Increase of the load-carrying capacity of welded joints by their combination with other jointed connectionss. 1. Europäische Konferenz "Fügetechnik", Strasbourg 05.-07.11.1991. Tagungsband S. 385-392

51.  K. Wittke, F. Riedel: Hochfeste Durchsetzfüge-Weichlöt-Verbindungen. Bleche Rohre Profile 39(1992)10, S. 798-800

52.  K. Roth: Konstruieren mit Konstruktionskatalogen. Springer-Verlag, Berlin-Heidelberg-New York-Tokyo, 1982

53.  O. Hahn, U. Schuht: Untersuchungen zur Steigerung des Haftbeiwertes bei Längspreßverbindungen durch Verwendung von Klebstoffen. Konstruktion (Berlin), 40(1988)10, S. 392-396

54.  W. Schatt (Herausgeber): Einführung in die Werkstoffwissenschaft. Deutscher Verlag für Grundstoffindustrie. Leipzig, 1984

55.  K. Wittke: Löten. Wissenschaftliche Schriftenreihe der Technischen Hochschule Karl-Marx-Stadt, 10, 1980

56.   K. Wittke: Stoffschlüssige Fügeverbindungen - Vorschlag zur Klassifikation. TU
      Chemnitz, Preprint Nr. 224/6. Jg./1992

57.   Selbsthemmende Schraubensicherungen. Prospekt der Fa. NORD-LOCK GmbH,
      Westhausen

58.   Pajannoje sojedinenije trubov (Gelötete Rohrverbindung). SU-Patent 759791

59.   Schrumpf- und Klemmverband. CH-Patent 608078

60.   W. I. Tarnowski: Erhöhung der Dauerschwingfestigkeit von Preßverbindungen durch
      die Anwendung von Verschleißschichten. Z. Westnik maschinostrojenija, Moskau
      62(1982)11, S. 27-28

61.   W. D. Muschard: Festigkeitsverhalten und Gestaltung geklebter und schrumpfgeklebter
      Welle-Nabe-Verbindungen. Dissertation an der Gesamthochschule-Universität
      Paderborn, 1983

# 7    Beispiele kombinierter Fügeverbindungen

## 7.1.  Beschreibung der Beispielsammlung

In der modernen Industrie sind eine große Menge unterschiedlicher kombinierter Fügeverbindungen bekannt. In vielen Fällen wird aber nicht expliziet auf die Kombination hingewiesen
und es sind weiterhin sehr viele unterschiedliche Bezeichnungen anzutreffen. Die Beispiele
stellen eine Auswahl aus der Datenbank "Kombinierte Fügeverbindungen" der Autoren dar.
Um den Rahmen des Buches nicht zu sprengen, wurden ähnliche kombinierte Fügeverbindungen, wie beispielsweise Querpreß-Kleb-Verbindungen und Längspreß-Kleb-Verbindungen zu
Preß-Kleb-Verbindungen zusammengefaßt und nur auf die Unterschiede hingewiesen.

Die Gliederung der Beispiele erfolgt ausgehend von der Primärverbindung in der kombinierten
Fügeverbindung. In den meisten Fällen wird der Anwender entsprechend den Anforderungen
eine spezielle Fügeverbindung auswählen und durch eine Sekundärverbindung das Eigenschaftsfeld verbessern. Die Bezeichnung der kombinierten Fügeverbindung erfolgt in den Beispielen so, daß die Primärverbindung an erster Stelle steht. Bei einigen kombinierten Fügeverbindungen können beide elementare Fügeverbindungen Primärverbindungen sein, wie das bei
der Kombination von Punktschweißverbindungen und Klebverbindungen der Fall ist.

Die Erfüllung bestimmter Funktionen wird qualitativ ausgehend von den Literaturangaben und
der Analyse der Bindemechanismen eingeschätzt (Spalte "Eigenschaften der KFV"). Dabei bedeuten die Zeichen

+    Funktion wird erfüllt

(+)    Funktion wird bedingt erfüllt

=    Eigenschaften verändern sich nicht gegenüber den elementaren
     Fügeverbindungen

-    Funktion wird nicht erfüllt

Den Eigenschaften der kombinierten Fügeverbindungen werden die Eigenschaftsänderungen
der primären elementaren Fügeverbindung gegenübergestellt. Eine Kennzeichnung erfolgte
nur, wenn dazu Angaben in der Literatur vorhanden waren. In den Spalten "Vor- und Nach-
teile gegenüber..." wurden die Zeichen mit folgender Bedeutung angewendet:

+    durch die Kombination tritt eine Verbesserung ein

=    durch die Kombination tritt keine Veränderung ein

-    durch die Kombination tritt eine Verschlechterung ein

Die Angaben aus der Literatur wurden durch die Autoren anhand konkreter Anwendungsfälle
überprüft. Den Unternehmen sei an dieser Stelle für ihre Unterstützung gedankt. Für weitere
kritische Hinweise und Ergänzungen zu den beschriebenen Beispielen, aber auch zu noch nicht

veröffentlichten kombinierten Fügeverbindungen sind die Autoren dankbar. Nur gesicherte Eigenschaftsfelder, die auf einem breiten Erfahrungsfundament basieren, erleichtern den Anwendern den richtigen Einsatz der kombinierten Fügeverbindungen.

Bei der Gestaltung werden die Bauteilform (Profil oder Platte), die räumliche Anwendung der elementaren Fügeverbindung in der kombinierten Fügeverbindung und die Verbindungsform (mittelbar oder unmittelbar) beschrieben. Die Möglichkeiten der räumlichen Anordnung sind in Bild 50 beschrieben.

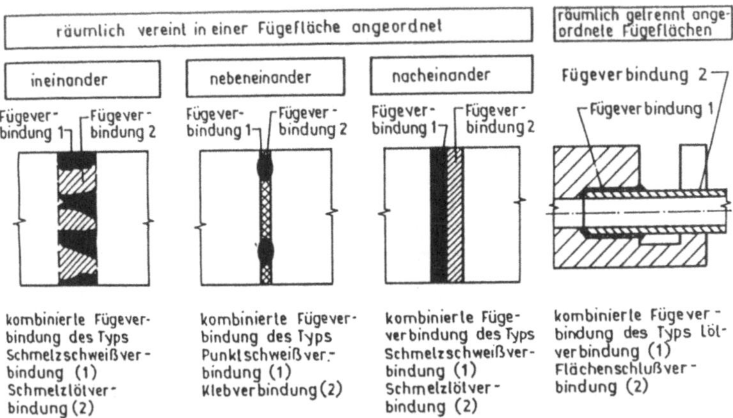


Bild 50:   Räumliche Anordnung von elementaren Fügeverbindungen in einer kombinierten Fügeverbindung

Bei den Hinweisen zu weiteren Kombinationsmöglichkeiten werden kombinierte Fügeverbindungen mit analogen Anwendungsfällen angegeben. In der Klammer ist die Anzahl der den Autoren bekannten Varianten dieser kombinierten Fügeverbindung zu finden.

## 7.2    Kombinationen mit Welle-Nabe-Verbindungen
### 7.2.1  Preß-Preßlöt-Verbindung

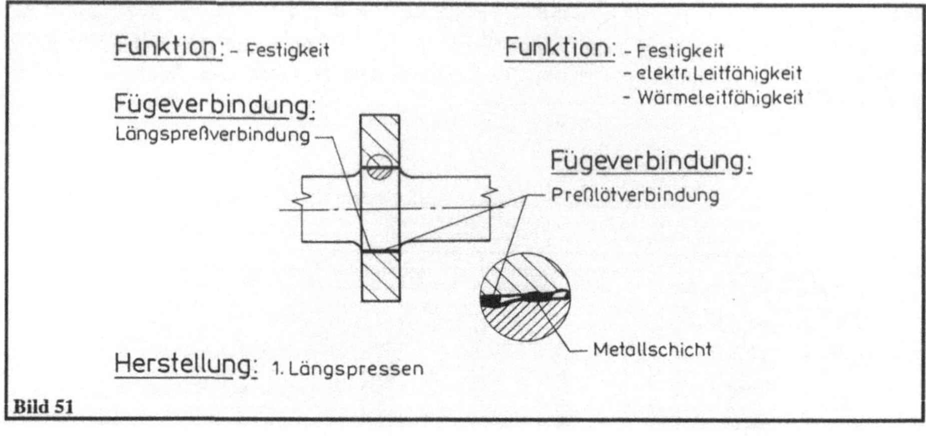


Bild 51

| Funktion | Vor- und Nachteile gegenüber | | Eigenschaften der KFV | Literatur |
|---|---|---|---|---|
| | Preßverbindung | Preßlötverbin-dung | | |
| Lösbarkeit | | | (+) | |
| Festigkeit | + | | + | /1-7,9-11/ |
| Temperaturbelastbarkeit | + | | + | /5, 6/ |
| Sicherheit gegen Lösen | | | + | |
| Korrosionsbeständigkeit | + | | + | /2, 6/ |
| Dichtheit | | | + | |
| Leitfähigkeit | + | | + | /6/ |
| Maßgenauigkeit | = | | + | /6/ |
| Zuverlässigkeit | | | + | |
| Wirtschaftlichkeit | | | (+) | |

| Werkstoffe | Metalle und Nichtmetalle<br>Voraussetzungen: Elastizität (Preßverbindung) und Beschichtbarkeit mit Metallen (Preßlötverbindung) |
|---|---|

| Gestaltung | |
|---|---|
| Bauteilform | vorzugsweise Welle-Nabe-Verbindung<br>Profil-Profil /1-6, 9 - 11/ und Profil-Platte /7/ |
| Räumliche Anordnung | ineinander |
| Verbindungsform | mittelbar /1-4, 6, 7, 9 - 11/<br>unmittelbar /5/ |

| Herstellung | Beschichten der Fügeflächen von Welle und/oder Nabe mit einer Lotschichtdicke von 3 - 8 µm Dicke <br> Längs- und/oder Querpressen <br> (bei artfremden Werkstoffen kann die Beschichtung entfallen) |
|---|---|

| Anwendung | Maschinenbau, Feinwerktechnik, Fahrzeugbau /1-6, 9 - 11/, Elektrotechnik, Elektronik /7/ |
|---|---|

## Hinweise zur Funktion

Die Festigkeitssteigerung der kombinierten Preß-Preßlöt-Verbindung gegenüber Preßverbindungen ist für statische und dynamische Torsions- und/oder Axialbelastung untersucht worden /2, 6/. Ausgewählte Ergebnisse der statischen und dynamischen Festigkeitsuntersuchungen sind im Vergleich zu den elementaren Preßverbindungen in Bild 52 dargestellt.

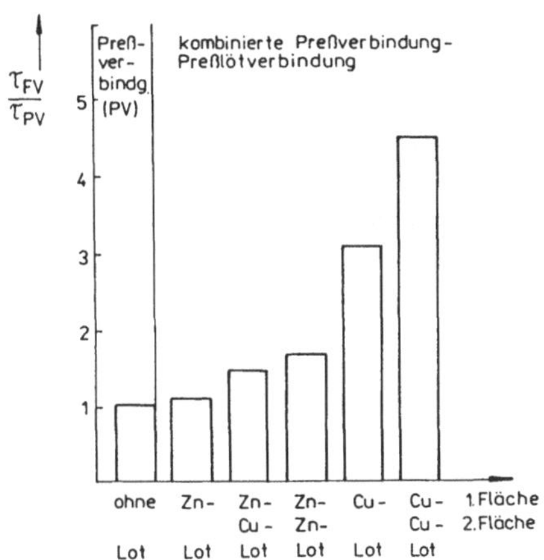


statische Belastung

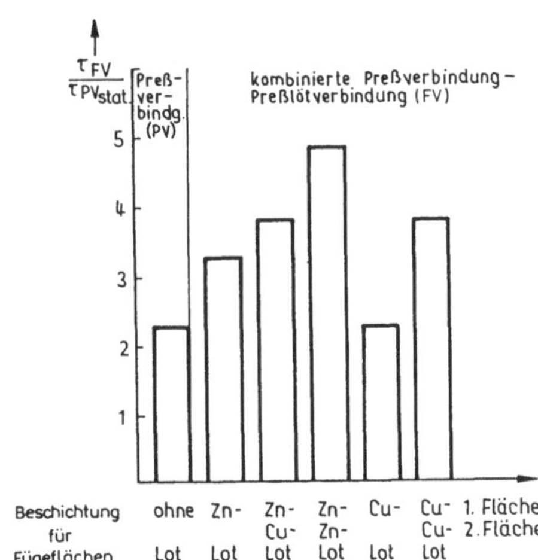


dynamische Belastung nach
150000 Lastwechseln

**Bild 52**     Relative Scherfestigkeiten ($\tau_{FV}/\tau_{PV}$) ohne und nach dynamischer Belastung

Die Verbesserung der Festigkeitseigenschaften während eines Trainings oder des Einsatzes tritt bei dynamischer Belastung auf (Bild 53). Die Versuchsergebnisse zeigen weiterhin, daß auch bei einer sehr hohen dynamischen Belastung und großen Lastspielzahlen keine Passungsrostbildung eintritt.

Die Preß-Preßlöt-Verbindungen zeichnen sich durch ein besonders günstiges Verhalten bei Überlast aus. Im Gegensatz zu den elementaren Preßverbindungen tritt beim Erreichen der Lösekraft bzw. des Lösemomentes nicht ein Kraftabfall, sondern ein weiteres Anwachsen der Lösekräfte ein (Bild 54).

Eine Verschlechterung der mechanischen Eigenschaften bei einer thermischen Beanspruchung während des Einsatzes konnte im Gegensatz zu den elementaren Preßverbindungen bis zu einer kritischen Temperatur nicht beobachtet werden. In /6/ konnte sogar eine Verbesserung in Abhängigkeit von der thermischen Beanspruchung festgestellt werden (Bild 55).

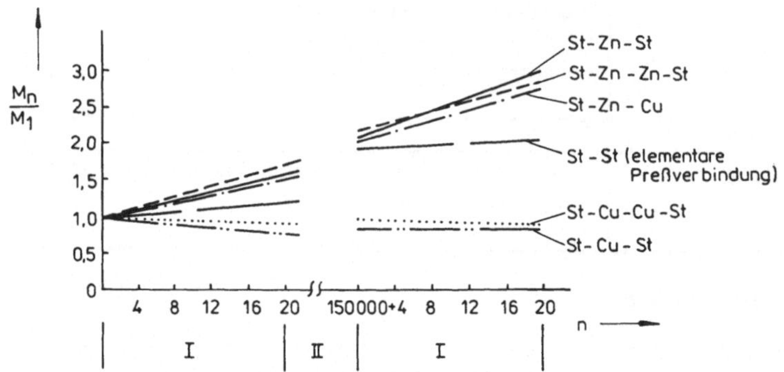


$M_1$ -Rutschmoment bei der ersten Verdrehung
$M$ - Rutschmoment der n-ten Verdrehung
I   Bereich der Verdrehungen bis zum Durchrutschen der Fügeverbindung
II   Bereich der wechselnden Torsionsbelastung mit 0,55 * Rutschmoment

**Bild 53**      Steigerung der übertragbaren Momente in Abhängigkeit von der Lastwechselzahl (n) bei kombinierten Preß-Preßlöt-Verbindungen

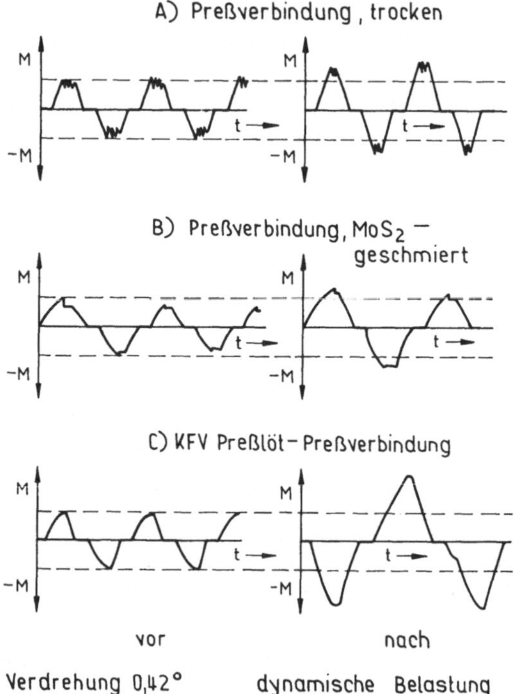


**Bild 54**      Vergleich des Auspreßverhaltens von Preß-Preßlöt-Verbindungen und von Preßverbindungen /nach 2/

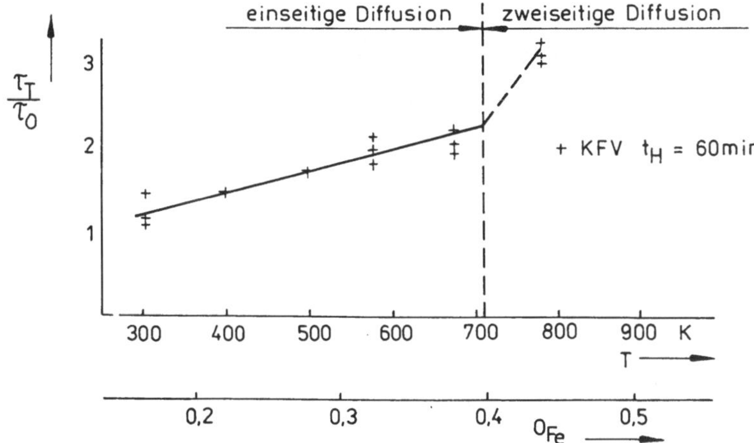


**Bild 55**  Übertragbare Scherspannungen in Abhängigkeit von der Einsatztemperatur bei Preß-Preßlöt-Verbindungen aus Stahl

Eine Berechnungsmethode für kombinierte Preß-Preßlöt-Verbindungen liegt noch nicht vor. In erster Näherung kann aber die Berechnungsvorschrift für Preßverbindungen /8/ mit einem erhöhten "Haftbeiwert" verwendet werden. Bei der Berechnung ist zu beachten, daß die Schichtdicke mit in das Übermaß einbezogen werden muß.

**Hinweise zu den Werkstoffen**

Für die in der Tabelle 1 dargestellten Werkstoffe liegen Aussagen in Veröffentlichungen vor.

**Tab.1**  Untersuchte Werkstoffkombinationen für Preß-Preßlöt-Verbindungen

| Grundwerkstoffe | Beryllium-bronze | Zinn-bronze | Kupfer | Aluminium | Stahl |
|---|---|---|---|---|---|
| Stahl | /7/ | /5/ | | | /1-4, 6, 7, 9-11/ |
| Aluminium | /7/ | | /7/ | /7/ | |
| Kupfer | /7/ | | /7/ | | |
| Zinnbronze | | | | | |
| Berylliumbronze | | | | | |

Zusatzwerkstoffe:  Kupfer und/oder Zinkschicht /1-4, 6, 9-11/
Kupfer, Zink-Nickel-Gold-Schicht /7/
Nickel, Chrom /9/

Bei der Auswahl der Schichtwerkstoffe als Lot ist auf die Reaktionsneigung der beiden Werkstoffe an der Kontaktstelle zu achten. Folgende Forderungen sind zu erfüllen:

- eine Strukturähnlichkeit
- ein homogener Gefügeaufbau
- geringe Verfestigungsneigung
- geringe Neigung zur Bildung von Oxidschichten und zur Korrosion
- eine günstige homologe Füge- bzw. Einsatztemperatur (größer 0,4 der Schmelztemperatur des Lotes) für die konkreten Herstellungs- und Einsatzbedingungen

Aussichtsreiche Werkstoffkombinationen, die die obengenannten Forderungen erfüllen, sind im Bild 56 dargestellt.

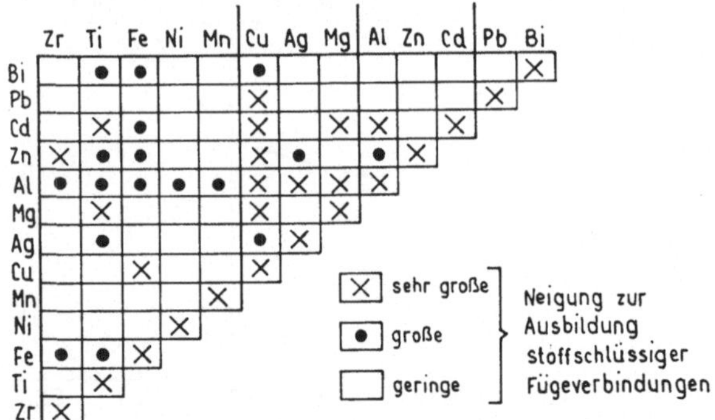


**Bild 56**    Einige günstige Werkstoffkombinationen an der Fügefläche von Preß-Preßlöt-Verbindungen

**Hinweise zur Herstellung**

Bei der Beschichtung der Fügeflächen mit Lot, z. B. durch Tauchen oder Galvanisieren, ist auf die angegebenen Schichtdicke zu achten. Dadurch kann der Rundlauf der Welle-Nabe-Verbindung gewährleistet werden. Die Lotschichtdicke soll nach /2-4/ im Bereich von 6 - 12 µm liegen, während in /9/ ein Dickenbereich von 10 - 20 µm angegeben wird. Die Lotschicht muß trocken geschliffen werden, damit die in der Emulsion enthaltenen Inhibatoren die Ausbildung von Preßlötverbindungen nicht negativ beeinflussen. Die Fügeflächen sollen vor dem Fügen fettfrei sein. Beim Einhalten der genannten Bedingungen sind die Preß-Preßlöt-Verbindungen problemlos durch Längs- oder Querpressen fügbar. Ein Abschaben der Lotschicht tritt dann nicht auf.

**Hinweise zu weiteren Kombinationsmöglichkeiten**

Die Verbesserung der Festigkeitseigenschaften von Preßverbindungen kann durch folgende Kombinationen erreicht werden:

- Preß-Preßschweiß-Verbindung (1)
- Preß-Kleb-Verbindung (3)
- Preß-Preßlöt-Punktschluß-Verbindung (1)
- Preß-Punktschluß-Verbindung (2)
- Preß-Flächenschluß-Verbindung (1)

Zur Verbesserung der Wirtschaftlichkeit, vorzugsweise durch eine Vergrößerung der zulässigen Bauteiltoleranzen, können Preßverbindungen mit folgenden Fügeverbindungen kombiniert werden:

- Preß-Rändel-Verbindung (1)
- Preß-Kordel-Verbindung (1)
- Preß-Kleb-Verbindung (3)

**Literatur zu Abschnitt 7.2.1**

1. A.S. Senkin: Einfluß technologischer Faktoren auf die Festigkeit und Zuverlässigkeit von Preßverbindungen. Fertigungstechnik und Betrieb, Berlin 26 (1976) 6, S. 361 - 362

2. U. Füssel, K. Wittke, H. Gropp, G. Pursche: Dynamische Belastung von Preßlötverbindungen - Preßverbindungen. Untersuchungsbericht TH Karl-Marx-Stadt 1984

3. U. Füssel, K. Wittke, H. Gropp, G. Pursche: Richtlinie Einsatz von elementaren und kombinierten Preßverbindungen. Wissenschaftliche Schriftenreihe TH Karl-Marx-Stadt 3/85, 1985

4. K. Wittke, V. Großer, U. Füssel: Festigkeitssteigerung durch kombinierte Fügeverbindungen. ZIS-Mitteilungen, Halle/S. 27 (1985) 4, S. 363- 370

5. Warmmontage mit Übermaß von Teilen aus unterschiedlichen Materialien. Vestnik maschinostroenija, Moskau 50 (1970) 7, S. 54 - 56

6. U. Füssel: Anwendung des Preßlötens zur Herstellung von kombinierten Fügeverbindungen. Dissertation, TH Karl-Marx-Stadt 1984

7. Verfahren zum Kaltpreßschweißen zweier metallischer Bauteile. Auslegungsschrift DE 2264613, IPK B 23 k 19/00

8. DIN 7190: Berechnung und Anwendung von Preßverbänden

9. P.I. Orlov: Grundlagen des Konstruierens, Bd. 2. Verlag Maschinostroenije, Moskau 1988

10. E.C. Gretscheizev, A.A. Iljaschenko: Preßverbindungen. Verlag Maschinostroenije, Moskau 1981

11. Verfahren zur Verbesserung der Eigenschaften von Fügeverbindungen. Wirtschaftspatent DD 219410, IPK B 23 k 1/00

## 7.2.2  Preß-Preßlöt-Punktschluß-Verbindung

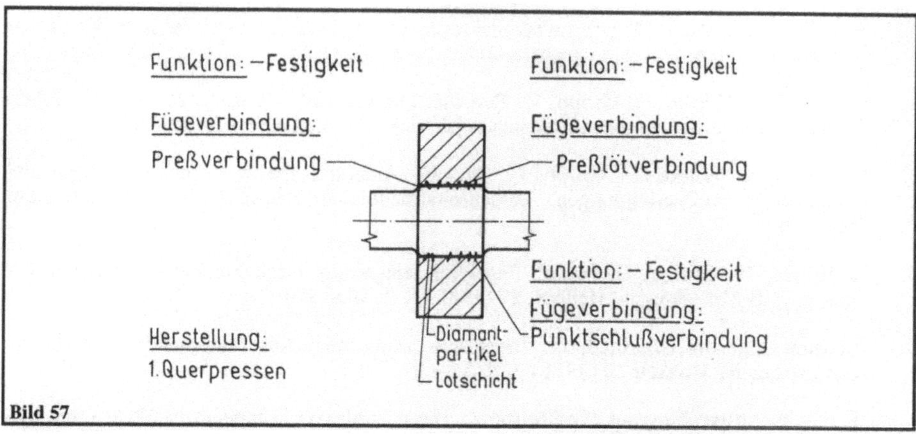


**Bild 57**

| Funktion | Vor- und Nachteile gegenüber | | | Eigenschaf-ten der KFV | Litera-tur |
|---|---|---|---|---|---|
| | Preßverbin-dung | Preßlötver-bindung | Punktschluß-verbindung | | |
| Lösbarkeit | | | | (+) | |
| Festigkeit | + | | | + | /1-5/ |
| Temperaturbelastbarkeit | | | | + | |
| Sicherheit gegen Lösen | | | | + | |
| Korrosionsbeständigkeit | | | | + | |
| Dichtheit | | | | + | |
| Leitfähigkeit | | | | + | |
| Maßgenauigkeit | = | | | = | /1-5/ |
| Zuverlässigkeit | | | | + | |
| Wirtschaftlichkeit | | | | (+) | |

| Werkstoffe | Metalle<br>Voraussetzung: Elastizität (Preßverbindung) und Beschichtbarkeit mit Metallen (Preßlötverbindung)<br>Schichtwerkstoff: Metall; Partikel, die eine höhere Härte als die Bauteilwerkstoffe haben |
|---|---|

| Gestaltung | |
|---|---|
| Bauteilform | vorzugsweise Welle-Nabe-Verbindungen<br>Profil-Profil |
| Räumliche Anordnung | ineinander |
| Verbindungsform | mittelbar |

| Herstellung | Beschichten von mindestens einer Fügefläche mit einer Metall-schicht, in die harte Partikel eingelagert sind<br>Querpressen |
| --- | --- |

| Anwendung | Maschinenbau |
| --- | --- |

**Hinweise zur Funktion**

Die Tragfähigkeit der Preß-Preßlöt-Punktschluß-Verbindung ist durch den zusätzlichen Stoff- und Formschluß um ein mehrfaches höher als bei elementaren Preßverbindungen. Diese höhere Tragfähigkeit kann über den Haftbeiwert in der Berechnung berücksichtigt werden (Bild 58). Während in /1, 2/ maximale Haftbeiwerte beim Lösen von 0,52 angegeben werden, sind in /4/ Haftbeiwerte von 0,7 bis 0,9 genannt. Bei einer dynamischen Belastung dieser kombinierten Fügeverbindung kommt es zu einer weiteren Steigerung der übertragbaren Kräfte und Momente (siehe Bild 58).

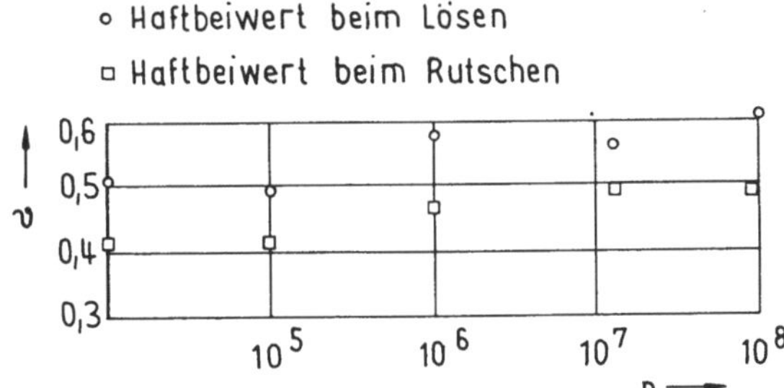


**Bild 58**     Haftbeiwerte (v) in Längsrichtung von Preß-Preßlöt-Punktschluß-Verbindungen in Abhängigkeit von den Lastwechseln (n) /2/

Der hohe Haftbeiwert wirkt sich günstig auf den Gesamtspannungszustand der Preßverbindung aus, da durch die kleinere notwendige Flächenpressungen und das Vorliegen einer Lotschicht die Neigung zur Ausbildung von Passungsrost abnimmt. Diese kombinierte Verbindung besitzt eine hohe Gestaltfestigkeit, so daß auch bei großer Belastung keine Zerstörung der Schicht und ein Herausreißen der Partikel auftritt /1, 2/.

**Hinweise zu den Werkstoffen**

Als Partikel werden in /1, 2/ Diamantpartikel mit einer Körnung von 2 µm bis 6 µm angegeben. Der Vorteil der Diamantpartikel ist ihre kompakte Form und die eng geraffte Körnung /1, 2/. In /4/ werden kornförmige harte Materialien aus Aluminium-, Zirkonium-, Silizium-, Chromoxid, Metallkarbide, Molybdän oder Wolfram mit einer Härte von mindestens 500 Brinell verwendet.

Als Schichtwerkstoffe werden Nickel /1, 2/ oder Aluminium, Kupfer, Blei, Magnesium, Zink, Cadmium oder deren Legierungen /4/ empfohlen.

**Hinweise zur Herstellung**

Das Herstellen der Schicht mit eingelagerten Partikeln erfolgt durch chemisches Abscheiden von Nickel /1-3/, wobei auf eine gute Verteilung der Partikel über die gesamte Fügefläche zu achten ist. Mit dem chemischen Abscheiden sind Schichten mit einer großen Konturentreue, Form- und Maßgenauigkeit erreichbar. Eine Beschichtung der Nabeninnenflächen ist möglich. Die Metallschicht soll eine deutlich geringere Dicke als die Körnung der Einlagerungspartikel haben. Durch eine Wärmebehandlung bei 350 °C wird eine Härte der Schicht von 900 bis 1000 HV 0,2 erreicht. Damit wird die hohe Haftfestigkeit der Schicht gewährleistet und auch bei großer Tangentialbelastung eine Zerstörung der Schicht vermieden.

**Hinweise zu weiteren Kombinationsmöglichkeiten**

Die Verbesserung der Festigkeitseigenschaften von Preßverbindungen kann auch durch folgende Kombinationen erreicht werden:

- Preß-Preßlöt-Verbindung (4)
- Preß-Preßschweiß-Verbindung (1)
- Preß-Kleb-Verbindung (3)
- Preß-Punktschluß-Verbindung (2)
- Preß-Flächenschluß-Verbindung (1)

Zur Verbesserung der Wirtschaftlichkeit, vorzugsweise durch eine Vergrößerung der Bauteiltoleranzen, können Preßverbindungen mit folgenden Fügeverbindungen kombiniert werden:

- Preß-Preßlöt-Verbindung (4)
- Preß-Rändel-Verbindung (1)
- Preß-Kordel-Verbindung (1)
- Preß-Kleb-Verbindung (3)

**Literatur zu Abschnitt 7.2.2**


1.    Romanos, G., W. Beitz, S. Becker, H. Hantsch: Verhalten von Welle-Nabe-Querpreßverbindungen mit reibungsverbesserder Beschichtung bei Umlaufbiegung. Konstruktion. Berlin 38 (1986) 10, S. 333 - 339

2.    G. Romanos: Reibschluß- und Tragfähigkeitsverhalten umlaufbiegebelasteter Querpreßverbände. Schriftenreihe Konstruktionstechnik, TU Berlin, Bd. 19, 1991

3.    Peeken, J. Lukschandel, G. Paulik: Oberflächenschichten für kraftschlüssige Momentenübertragung. Antriebstechnik, Mainz 20 (1981) 1/2, S. 38 - 43

4.    Schrumpf- und Klemmverband. Erfindungsbeschreibung, CHPS 608078, IPK F 16 B, 4/00

5.    Steuer- und Getriebewelle. Erfindungsbeschreibung, DDWP 149328, IPK B 23 P, 11/02

## 7.2.3  Preß-Kleb-Verbindung

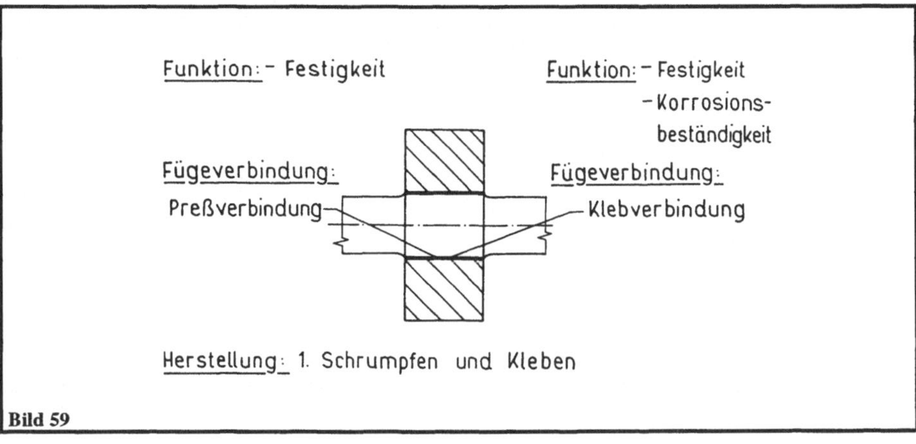


**Bild 59**

| Funktion | Vor- und Nachteile gegenüber | | Eigenschaften der KFV | Literatur |
|---|---|---|---|---|
| | Preßverbindung | Klebverbindung | | |
| Lösbarkeit | - | | (+) | /2/ |
| Festigkeit | + | + | + | /1-19/ |
| Temperaturbelastbarkeit | - | = | (+) | /8, 17/ |
| Sicherheit gegen Lösen | | | + | |
| Korrosionsbeständigkeit | + | = | + | /1-17,19/ |
| Dichtheit | + | = | + | /15/ |
| Leitfähigkeit | | | - | |
| Maßgenauigkeit | | + | + | /25/ |
| Zuverlässigkeit | | | + | |
| Wirtschaftlichkeit | + | | + | /18/ |

| Werkstoffe | Metalle und Nichtmetalle<br>Voraussetzung: Elastizität (Preßverbindung)<br>Klebstoff |
|---|---|

| Gestaltung | |
|---|---|
| Bauteilform | vorzugsweise Welle-Nabe-Verbindungen<br>Profil-Profil /1-17/, Profil-Platte /14, 20/ |
| Räumliche Anordnung | ineinander, |
| Verbindungsform | mittelbar |

| **Herstellung** | Beschichten der Fügeflächen mit Klebstoff<br>Schrumpfen /1-11/, Längspressen /12, 13, 25/,  Magnetumformen /14/, Explosionsumformen /20/ |
|---|---|

| **Anwendung** | Maschinenbau, Fördertechnik, Fahrzeugbau, Luft- und Kältetechnik |
|---|---|

**Hinweise zur Funktion:**

Es konnten Festigkeitssteigerungen der kombinierten Querpreß-Kleb-Verbindung /1-11/ und der Längspreß-Kleb-Verbindung /12, 13, 25/ gegenüber elementaren Preßverbindungen für statische und dynamische Torsions- und Axialbelastung nachgewiesen werden. Ausgewählte Ergebnisse sind in den Bildern 60 und 61 dargestellt.

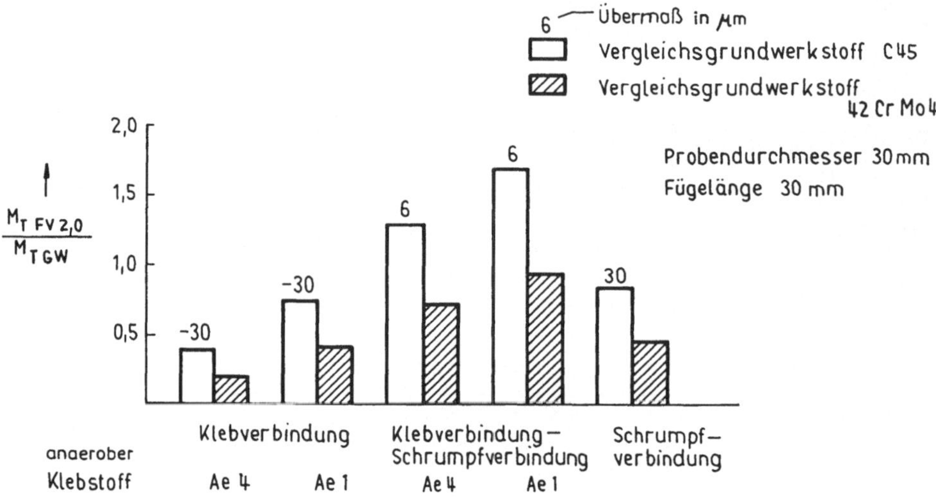


$M_{TFV}$ übertragbare Torsionsmomente durch die Fügeverbindung
$M_{TGW}$ übertragbare Torsionsmomente durch den Grundwerkstoff der Welle

**Bild 60**   Vergleich der relativen Bruchtorsionsmomente($M_{TFV}/M_{TGW}$) verschiedener Welle-Nabe-Verbindungen (Werte nach /8/)

Bei der Bewertung dieser Bruchtorsionsmomente ist zu beachten, daß das Übermaß bei der Querpreß-Kleb-Verbindung kaum einen Einfluß ausübt. Durch die Abkühlung der erwärmten Nabe werden in die Klebstoffschicht hydrostatische Druckspannungen aufgebracht. Die Belastbarkeit der Fügezone ist so groß, daß nur bei der Verwendung von höherfesten Wellenwerkstoffen ein Versagen in der Fügezone eintritt. Bei der Verwendung von Elastomeren als Klebstoff wurde in /17/ nachgewiesen, daß bei größer werdender Klebstoffschichtdicke ein Abfall der Verbindungsfestigkeit eintritt.

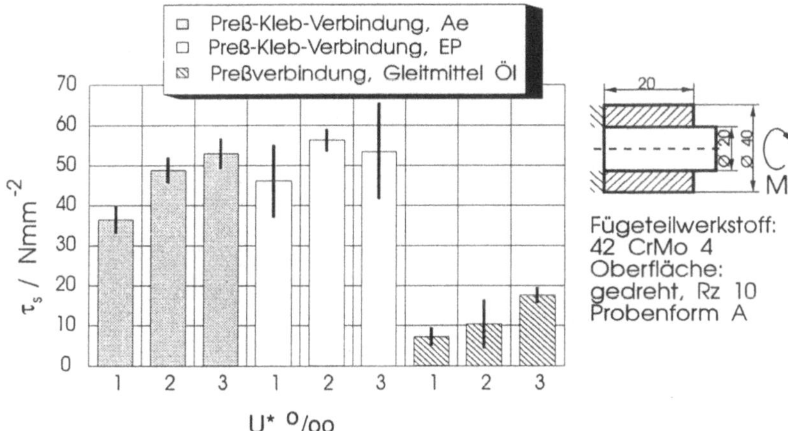



**Bild 61**  Torsionsscherfestigkeit ($\tau_S$) verschiedener Längspreß-Kleb-Verbindungen und Preßverbindungen in Abhängigkeit vom Übermaß (U) /25/

Diese kombinierte Fügeverbindung weist ein sehr gutes dynamisches Verhalten auf, welches sich in einer sehr flachen Wöhlerlinie widerspiegelt /24/. Die Dauerfestigkeitswerte der Querpreß-Kleb-Verbindung liegen höher als die anderer mechanischer Welle-Nabe-Verbindungen (Bild 62) /8, 22/. Bei Längspreß-Kleb-Verbindungen liegen die ertragbaren Scherspannungen in der gleichen Größe wie die von trocken gefügten Preßverbindungen. Bei den in Bild 63 dargestellten Untersuchungsergebnissen trat ein Versagen der Welle ein /25/. Für die Berechnung der Querpreß-Kleb-Verbindung wurde in /1/ und /22/ eine Berechnungsvorschlag vorgestellt.

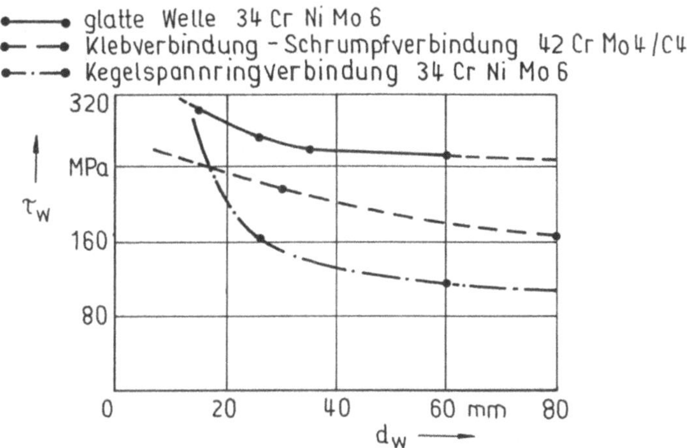



**Bild 62**  Dauerschwingfestigkeit ($\tau_W$) verschiedener Welle-Nabe-Verbindungen in Abhängigkeit vom Wellendurchmesser ($d_W$) (Werte nach /8/)

Der Einsatz dieser kombinierten Preßverbindung ist bei der Anwendung von anaeroben Klebstoffen bis 150 °C möglich. Die Torsionsscherfestigkeit lag bei dieser Einsatztemperatur nach Untersuchungen in /8/ bei 40 MPa. Einen Einfluß der Fügetemperatur auf die Torsionsfestigkeit bei Temperaturen über 210 °C konnte in /18/ nicht mehr festgestellt werden.

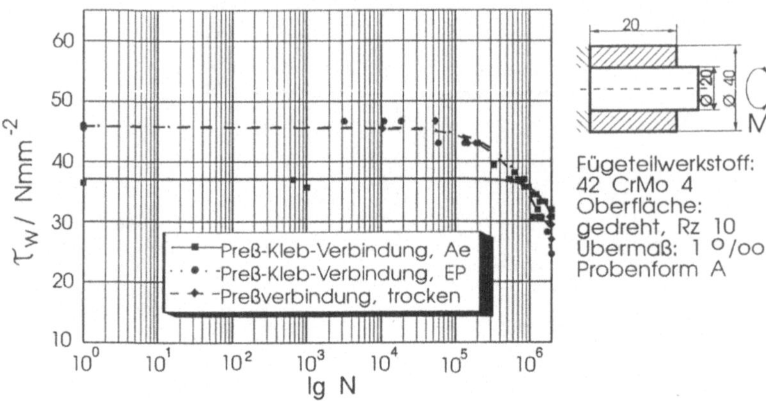


**Bild 63**    Dauerschwingfestigkeit ($\tau_W$) verschiedener Längspreß-Kleb-Verbindungen und Längspreßverbindungen /25/

Bei kleinen Fügedurchmessern sollte nach /7/ der elementaren Klebverbindung der Vorzug gegeben werden und erst ab einem Fugendurchmesser von 80 mm die Querpreß-Kleb-Verbindung angewendet werden. Durch die größeren Toleranzen gegenüber den form- und kraftschlüssigen Welle-Nabe-Verbindungen entstehen geringere Kosten, die auch die höheren Kosten der Oberflächenvorbereitung ausgleichen (Tab. 2). Andere Arbeiten weisen auch schon bei Durchmessern ab 20 mm wirtschaftliche Vorteile aus. In der Tabelle 3 wurde der Einfluß der Übermaßtoleranzen auf die übertragbaren Momente und die daraus abgeleiteten Toleranzfelder dargestellt /18/. Gründe für die geringeren Kosten sind u. a. die geringeren Anforderungen an die Passung (bis IT 7) und die möglichen Oberflächenrauheiten der Fügeflächen (10 - 15 μm). Durch die guten Zentriereigenschaften der Preßverbindung werden im Gegensatz zu den Klebverbindungen keine Vorrichtungen zum Fügen und zum Aushärten des Klebstoffes benötigt.

**Tab. 2**    Relativkosten für die Herstellung verschiedener Welle-Nabe-Verbindungen /7/

| Verbindung | Vergleichskosten |
| --- | --- |
| Klebverbindung | 1,0 |
| Preßverbindung - Klebverbindung | 1,1 |
| Schrumpfverbindung | 1,3 |
| Paßfederverbindung | 4,6 |
| Keilwellen-Keilnabenverbindung | 6,3 |

**Tab. 3**    Einfluß der Übermaßtoleranzen auf die übertragbaren Momente (Werte nach /18/)

| | Übermaßbereich ‰ | Torsionsmoment | Schwankung Torsionsmoment % | notwendige Toleranzqualität |
| --- | --- | --- | --- | --- |
| Schrumpfverbindung | 1...0,2 | 1740...635 | 62 | IT5/IT6 |
| Schrumpf-Kleb-Verbindung | 1...-1 | 2245...1747 | 22 | IT6/IT7 |

Geometrie der Vergleichsprobe:    Wellendurchmesser $d_i$ = 30 mm
Nabenaußendurchmesser $d_a$ = 60 mm
Fügelänge $l_F$ = 30 mm

Geometrie der Vergleichsprobe:    Wellendurchmesser $d_i = 30$ mm
                                  Nabenaußendurchmesser $d_a = 60$ mm
                                  Fügelänge $l_F = 30$ mm

Eine gute Korrosionsbeständigkeit, vor allem bezüglich der Bildung von Passungsrost, ist durch die Trennung der beiden Fügeflächen durch die Klebstoffschicht gegeben. Die Lösbarkeit im erwärmten Zustand ist sicher gewährleistet, da im Gegensatz zu trocken gefügten Preßverbindungen durch die Klebstoffschicht ein Verschweißen der Fügeflächen verhindert werden kann.

**Hinweise zu den Werkstoffen**

Als Klebstoffe können Epoxidharze, Elastomere und anaerobe Klebstoffe eingesetzt werden. Anaerobe Klebstoffe haben den Vorteil, daß sie erst unter Luftabschluß und bei Metallkontakt in der Preßfuge aushärten. Sie sind schnell handhabbar und für eine dynamische Dauerbelastung gut geeignet. Eine Abstimmung der Festigkeit, Temperaturbeständigkeit und des Übermaßes in Abhängigkeit von der Aushärtungsgeschwindigkeit muß erfolgen, damit der Klebstoff nicht schon während des Fügens aushärtet /7/.

**Hinweise zur Gestaltung**

Das Verhältnis von Fügelänge zu Fugendurchmesser soll nicht größer als 1 sein, da danach keine wesentliche Steigerung des Bruchtorsionsmomentes erreicht werden kann /18/.

**Hinweise zur Herstellung**

Eine direkte Übertragung der Erkenntnisse der Oberflächenvorbehandlung bei der Herstellung von Klebverbindungen auf die von Preß-Kleb-Verbindungen ist nicht möglich /18/.

Bei der Herstellung der Längspreß-Kleb-Verbindung soll der Klebstoff als Gleitmittel wirken und erst nach dem Fügen aushärten. Die geringsten Enpreßkräfte sind bei der Verwendung von Epoxidharzen  zu erreichen /25/. Gegenüber dem Kleben sind bei der kombinierten Anwendung von Kleben und Schrumpfen die Aushärtungszeiten wesentlich kürzer /18/. Die Handhabbarkeit von Preß-Kleb-Verbindungen ist nach dem Fügen sofort gegeben.  Die Verwendung von anaeroben Klebstoffen ist toxikologisch unbedenklich.

**Hinweise zu weiteren Kombinationsmöglichkeiten**

Die Verbesserung der Festigkeitseigenschaften von Preßverbindungen kann durch folgende Kombinationen erreicht werden:

- Preß-Preßlöt-Verbindung (3)
- Preß-Preßschweiß-Verbindung (1)
- Preß-Preßlöt-Punktschluß-Verbindung (1)
- Preß-Punktschluß-Verbindung (2)

**Literatur zu Abschnitt 7.2.3**


1. W.D. Muschard: Festigkeitsverhalten und Gestaltung geklebter und schrumpfgeklebter Welle-Nabe-Verbindungen. Dissertation Universität, Gesamthochschule Paderborn 1983

2. H. Kleinert: Anwendung des Metallklebens. Schweißtechnik, Berlin 28 (1978) 10, S. 451

3. A. Grunau, O. Hahn: Untersuchung zur Kombination der Fügeverfahren Kleben und Schrumpfen bei Welle-Nabe-Verbindungen. Konstruktion, Berlin 39 (1987) 3, 101 - 106

4. K. Käufer: Zukunftsaspekte der Verbindungen im System. VDI-Berichte, Düsseldorf Bd. 360, 1980

5.   Muschard: Kleben von Rundverbindungen, eine Alternative zu anderen Verbindungstechniken. Kongressband verbindungstechnik 82, Wiesbaden 1982

6.   Endlich: Kleben als Alternative in der Montage. Kongressband verbindungstechnik 82, Wiesbaden 1982

7.   K.H. Thieme: Schrumpfkleben - leistungsstarke Verbindungen. Konstruieren + Gießen, 13 (1983) 2, S. 28 - 29

8.   A. Grunau, O. Hahn, Hochbelastete Welle-Nabe-Verbindungen durch Kleben. Schweißtechnik, Berlin 39 (1989) 5, S. 205 - 207

9.   A. Grunau: Mechanisches Verhalten klebgeschrumpfter und geklebter Welle-Nabe-Verbindungen. Dissertation, Universität, Gesamthochschule Paderborn 1987

10.  E.G. Kurek, D. Zboralski: Klebgeschrumpfte Radsitze - viele Vorteile für die Eisenbahn, jetzt und in Zukunft. Zeitschrift für Eisenbahnwesen-Glasers  Annalen, Berlin 101 (1977) 3, S. 65 - 75

11.  G.S. Belyayev: Adhesionsfilm increase the fatigue strength of the shaft slive joint. Russian Engenineering Journal, Melton Mowbroy 51 (1971) 5, S. 56 - 57

12.  O. Hahn, U. Schuht: Untersuchungen zur Steigerung des Haftbeiwertes bei Längspreßverbindungen durch Verwendung von Klebstoffen. Konstruktion, Berlin 40 (1988) 10, S. 392 - 396

13.  O. Hahn, U. Schuht: Haftbeiwertsteigerung bei Längspreßverbindungen durch Klebstoff. Adhäsion, Berlin 32 (1989) 7/8, S. 25 - 27

14.  G. Balazs: Neues kombiniertes Fügeverfahren durch Kleben und Magnetumformung. Schweißtechnik, Berlin 26 (1976) 9, S. 339

15.  E.H.   Schmidt-Bidinelli,   ;   Gutherz,   W.:   Konstruktives   Kleben.   VCH-Verlagsgemeinschaft. Weinheim 1988

16.  Einführung in die Klebtechnik. Loctite-Deutschland-GmbH. München 1992

17.  I.F. Malizki, B.S. Ostrenko: Einfluß verschiedener Antikorrosionsbeschichtungen auf die Festigkeit von Preßverbindungen. Vestnik maschinostroenija, Moskau 69 (1989) 7, S. 60 - 61 (russ.)

18.  A. Grunau, O. Hahn: Festigkeitsverhalten klebgeschrumpfter Welle-Nabe-Verbindungen bei zügiger quasistatischer Beanspruchung. Schweißen und Schneiden, Düsseldorf 39 (1987) 8, S. 380 - 384

19.  P. Brinkmann: Das Fügen von Eisenbahnradsätzen. Eisenbahntechnische Rundschau, Darmstadt 28 (1979) 6, S. 479 - 485

20.  G. Balazs, G. Czegledi: Neues kombiniertes Fügeverfahren durch Kleben und Explosionsumformung. Plaste und Kautschuk, Leipzig 26 (1979) 2, S. 99 - 100

21.  R. Saller: Schrumpfkleben - Grenzen klassischer Fügeverfahren überwinden. Zuliefermarkt in Hanser Fachzeitschriften (1991) 7, S. ZM 125 - 127

22.  V. Gantenhammer: Hochfeste Welle-Nabe-Verbindungen durch Einsatz moderner Klebtechnologie. Tagungsband Swiss Bonding 90. Verlag IKD Bietigheim Bissingen 1990, S. 128 - 155

23.  D. Rademacher: Welle-Nabe-Verbindungen mit anaeroben Klebstoffen. Tagungsband Swiss Bonding 90, Verlag IKD Bietigheim Bissingen 1990, S. 282 - 292

24.  U. Schuht, ; O. Hahn: Mechanisches Verhalten geklebter und klebgeschrumpfter Welle-Nabe-Verbindungen. Tagungsband Eurobond 91, Wiesbaden 1991, S. 224 - 231

25.  W. Voelkner, C. Bär, U. Füssel, H. Kleinert, F. Jesche: Untersuchungen zu den Auswirkungen der Haftbeiwertsteigerung durch die Verwendung von Klebstoff auf das Festigkeitsverhalten von Längspreßverbindungen bei dynamisch wechselnder Beanspruchung. Abschlußbericht des AIF-Themas 143D, TU Dresden 1994

## 7.2.4  Preß-Punktschluß-Verbindung

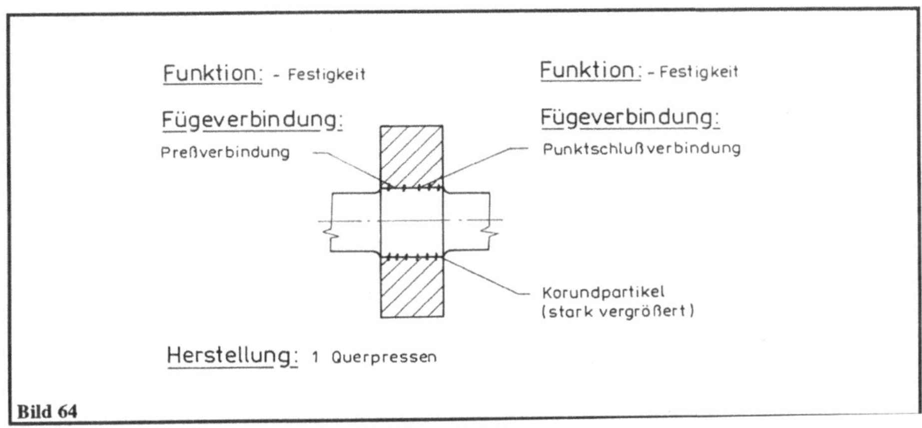


**Bild 64**

| Funktion | Vor- und Nachteile gegenüber | | Eigenschaften | Literatur |
|---|---|---|---|---|
| | Preßverbindung | Punktschluß-<br>verbindung | der KFV | |
| Lösbarkeit | - | | (+) | /7/ |
| Festigkeit | + | | + | /1-5/ |
| Temperaturbelastbarkeit | | | + | |
| Sicherheit gegen Lösen | | | + | |
| Korrosionsbeständigkeit | | | = | |
| Dichtheit | | | (+) | |
| Leitfähigkeit | | | (+) | |
| Maßgenauigkeit | = | | + | /1-5/ |
| Zuverlässigkeit | + | | + | /7/ |
| Wirtschaftlichkeit | | | (+) | |

| Werkstoffe | Metalle<br>Voraussetzung: Elastizität (Preßverbindung) und Beschichtbarkeit mit einer Kunststoff- oder Metallschicht |
|---|---|

| Gestaltung | |
|---|---|
| Bauteilform | Vorzugsweise Welle-Nabe-Verbindungen<br>Profil-Profil |
| Räumliche Anordnung | ineinander |
| Verbindungsform | mittelbar |

| Herstellung | Einwalzen, Eindrücken oder Einlagern der harten Partikel in eine Kunstharzschicht /2, 4, 5/<br>Querpressen oder Längspressen |
| --- | --- |

| Anwendung | Maschinenbau |
| --- | --- |

### Hinweise zur Funktion

Die Übertragungsfähigkeit dieser kombinierten Preß-Punktschluß-Verbindung ist durch den zusätzlichen Formschluß um ein Mehrfaches größer als bei einer elementaren Preßverbindung. In der Berechnung wird der zusätzliche Formschluß im Haftbeiwert mit berücksichtigt (Tab. 4). Eine Abhängigkeit des Haftbeiwertes von der Größe der Partikel und der Flächenpressung wurde in /7/ nachgewiesen. Ein Spitzenwerte von 0,64 wurde bei einer Korngröße von 15 bis 20 µm ermittelt. Die Ermüdungsfestigkeit dieser kombinierten Preßverbindung ist nach /2/ dreimal höher als die von elementaren Preßverbindungen.

**Tab 4**       Haftbeiwerte für kombinierte Preß-Punktschluß-Verbindungen

| kombinierte Preßverbindung | Haftbeiwert | Quelle |
| --- | --- | --- |
| Querpreß-Punktschluß-Verbindung | 0,3 | /3/ |
| Längspreß-Punktschluß-Verbindung | 0,14 | /4/ |

Die Lösbarkeit von Preßverbindungen mit eingelagerten harten Partikeln größer 12 µm ist schwierig, da es zur Zerstörung der Fügeflächen kommt. Preß-Punktschluß-Verbindungen mit größeren Partikeln werden vorteilhaft dann angewendet, wenn an die Verbindung erhöhte Sicherheitsforderungen bei Überlast gestellt werden. Im Gegensatz zu elementaren Preßverbindungen fällt beim Erreichen der Lösekraft der Haftbeiwert nicht ab, sondern eine Vergrößerung ist möglich /7/.

### Hinweise zu den Werkstoffen

Als Partikel zur Realisierung des Formschlusses werden Korund- /2-4/, Siliziumkarbid- /1, 3, 6, 7/, Borkarbid /4/, Diamant- /1/ oder Bariumkarbidpulver /1/ verwendet. Die Körnung des Pulvers soll zwischen 3 µm und 12 µm liegen /1/.

### Hinweise zur Herstellung

Die Partikel sind gleichmäßig über die gesamte Fügefläche zu verteilen und dürfen keine Abweichungen von der Zylinderform der geschliffenen Fügeflächen hervorrufen /1/. Die Fügefläche soll zu mindestens 75 % mit harten Partikeln bedeckt sein /6/. Nach /4/ kann das Auftragen der Partikel in Pastenform erfolgen. Eine weitere Möglichkeit ist das Einbetten der Partikel in eine Kunstharzschicht /2, 4-7/ oder in eine chemisch abgeschiedene Nickelschicht, wobei die Partikel mit einem Drittel ihrer Größe herausragen sollen /1/. Beim Fügen von vergüteten Oberflächen bildet sich zwischen den Partikeln ein Spalt zwischen der Welle und Nabe aus /1/.

**Hinweise zu weiteren Kombinationsmöglichkeiten**

Die Verbesserung der Festigkeitseigenschaften von Preßverbindungen kann durch folgende Kombinationen erreicht werden:

- Preß-Preßlöt-Verbindung (4)
- Preß-Preßschweiß-Verbindung (1)
- Preß-Kleb-Verbindung (3)
- Preß-Preßlöt-Punktschluß-Verbindung (1)
- Preß-Flächenschluß-Verbindung (1)

Zur Verbesserung der Wirtschaftlichkeit, vorzugsweise durch eine Vergrößerung der zulässigen Bauteiltoleranzen, können Preßverbindungen mit folgenden Fügeverbindungen kombiniert werden:

- Preß-Rändel-Verbindung (1)
- Preß-Kordel-Verbindung (1)
- Preß-Kleb-Verbindung (3)

**Literatur zu Abschnitt 7.2.4**

1.   H. Peeken, J. Lukschandel, G. Paulik: Oberflächenschichten für kraftschlüssige Momentenübertragung. Antriebstechnik, Mainz 20 (1981) 1/2, S. 38 - 43

2.   V.I. Tarnovski: Erhöhung der Dauerschwingfestigkeit von Preßverbindungen durch Verschleißschichten.. Vestnik Maschinostroenija, Moskau 62 (1982) 11, S. 27 - 28

3.   W. Peppler: Preßverbindungen. VDI-Berichte, Düsseldorf Bd. 9 (1956), S. 60 - 72

4.   E.S. Grecitschev, A.A. Kjaschenko: Preßverbindungen. Verlag Maschinostroenija, Moskau 1981

5.   Verfahren zum Verbinden harter Partikel mit der Wand eines Klemmkörperkanals. Erfindungsbeschreibung, DEPS 1952862, IPK F 16 B, 4/00

6.   P. Meyer: Erhöhung des Haftbeiwertes von Preßpassungen durch eine Körnerlage in der Fuge. Werkstatttechnik und Maschinenbau, Berlin 39(1949) 11/12, S. 321 - 325

7.   A. Heiß: Preßpassungen mit Körnern in den Fugen. Werkstatttechnik und Maschinenbau, Berlin 39 (1949) 11/12, S. 325 - 331

### 7.2.5  Preß-Flächenschluß-Verbindung

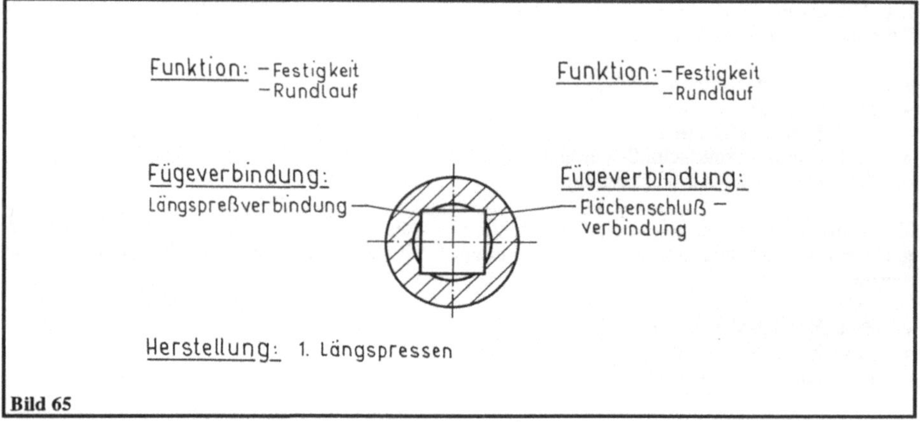


Bild 65

| Funktion | Vor- und Nachteile gegenüber | | Eigenschaften der KFV | Literatur |
| --- | --- | --- | --- | --- |
| | Preßverbindung | Flächenschluß-verbindung | | |
| Lösbarkeit | | | (+) | |
| Festigkeit | + | | + | /1/ |
| Temperaturbelastbarkeit | | | + | |
| Sicherheit gegen Lösen | | | + | |
| Korrosionsbeständigkeit | | | = | |
| Dichtheit | | | - | |
| Leitfähigkeit | | | (+) | |
| Maßgenauigkeit | + | | + | /1/ |
| Zuverlässigkeit | | | + | |
| Wirtschaftlichkeit | + | | + | /1/ |

| Werkstoffe | Metalle<br>Voraussetzung: Elastizität des Außenteils |
| --- | --- |

| Gestaltung | |
| --- | --- |
| Bauteilform | Profil-Profil |
| Räumliche Anordnung | ineinander |
| Verbindungsform | unmittelbar |

| **Herstellung** | Herstellen der Bohrung in der Nabe und anschließend einer koaxialen Stoßnut (das stabförmige Bauteil kann als Stoßwerkzeug verwendet werden) |
| --- | --- |

| **Anwendung** | Elektrotechnik, Feinwerktechnik |
| --- | --- |

**Hinweise zur Funktion**

Die Preß-Flächenschluß-Verbindung ist zur Herstellung einer festen, verdrehsicheren Fügeverbindung zwischen einem rotationssymmetrischen und einem prismatischen Bauteil geeignet. Durch die Preßverbindung wird die Tragfähigkeit in axialer Richtung und die Sicherheit gegenüber Lösen realisiert. Die notwendige Pressung wird durch das Übermaß erreicht.

Eine hohe Maßgenauigkeit vor allem hinsichtlich des Rundlaufes ist durch diese Kombination realisierbar. Durch die Anordnung beider elementarer Fügeverbindungen ineinander ist eine Prüfung nicht notwendig. Der Wegfall der Prüfung und die mögliche Verwendung des prismatischen Teils als Stoßwerkzeug führen zu einem geringen Herstellungsaufwand.

**Literatur zu Abschnitt 7.2.5**

1.   Verfahren zum Herstellen einer verdrehsicheren gleichachsigen Verbindung zwischen einem im Querschnitt mehreckigen stabförmigen Teil und einem Wellenteil. Erfindungsbeschreibung CHPS 645291. IPK B 23 P, 11/00

### 7.2.6 Preß-Sicken-Verbindung

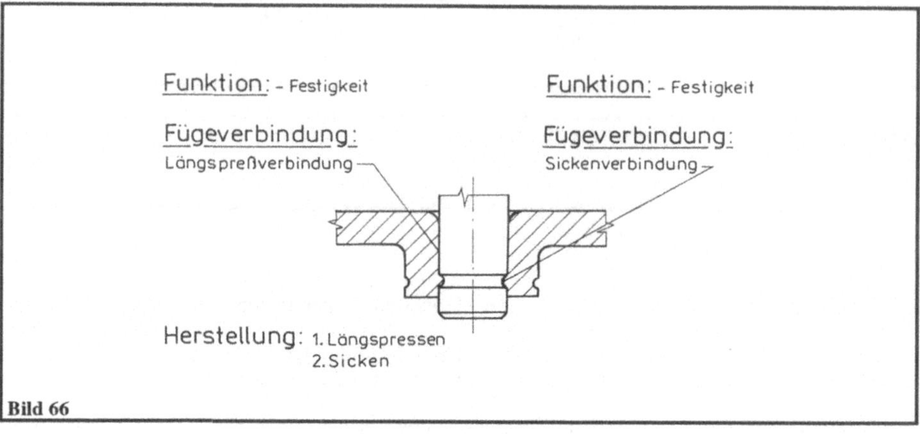


Bild 66

| Funktion | Vor- und Nachteile gegenüber | | Eigenschaften der KFV | Literatur |
|---|---|---|---|---|
| | Preßverbindung | Sickenverbindung | | |
| Lösbarkeit | | | - | |
| Festigkeit | + | | + | /1, 2/ |
| Temperaturbelastbarkeit | | | + | |
| Sicherheit gegen Lösen | + | | + | /1, 2/ |
| Korrosionsbeständigkeit | | | | |
| Dichtheit | | | | |
| Leitfähigkeit | | | | |
| Maßgenauigkeit | | | + | |
| Zuverlässigkeit | | | + | |
| Wirtschaftlichkeit | | | | |

| Werkstoffe | Metalle und Nichtmetalle<br>Voraussetzung: Außenteil muß verformungsfähig sein |
|---|---|

| Gestaltung | |
|---|---|
| Bauteilform | Profil-Platte /1, 2/<br>Profil-Profil |
| Räumliche Anordnung | nacheinander |
| Verbindungsform | unmittelbar |

| **Herstellung** | Einpressen des profilierten Bolzens in eine vorgelochte Aufnahme einer Platte oder Nabe<br>Sicken des Bleches |
|---|---|

| **Anwendung** | Feingerätetechnik, Elektrotechnik, Elektronik |
|---|---|

**Hinweise zur Funktion**

Die Herstellung von elementaren Preßverbindungen zwischen einem gehärteten Bolzen und einem dünnwandigen, kaltverformten, ungehärteten Bauteil ist vor allem bei einem Verhältnis Blechdicke zu Bolzendurchmesser kleiner 1 schwierig. Durch die Fertigungstoleranzen bedingt, können große Unterschiede in der Flächenpressung auftreten. Daraus resultieren auch große Festigkeitsunterschiede zwischen derartigen elementaren und kombinierten Preßverbindungen (Bild 67).

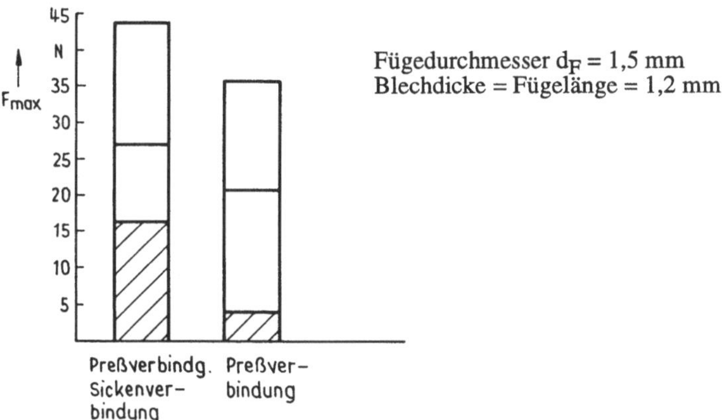


**Bild 67**  Vergleich der Auspreßkräfte ($F_{max}$) von elementaren und kombinierten Preßverbindungen an Dünnblechkonstruktionen (Werte nach /2/)

**Hinweise zur Herstellung**

Der zu fügende Bolzen hat an der Einpreßseite eine Ringnut. Der Bohrungsdurchmesser muß geringfügig kleiner als der Bolzendurchmesser sein und kann beispielsweise mit dem Toleranzfeld D9 toleriert sein.

**Hinweise zur Gestaltung**

Der Bolzen wird als Umformwerkzeug zur endgültigen Formgebung der Bohrung genutzt. Die Toleranzen für die Bohrung können bei dieser kombinierten Preß-Sicken-Verbindung größer gewählt werden, als für elementare Preßverbindungen.

Nach dem Einpressen des Bolzens wird der Blechwerkstoff in die Ringnut des Bolzens eingedrückt.

**Hinweise zu weiteren Kombinationsmöglichkeiten**

Zur Erhöhung der Festigkeit können bei Dünnblechkonstruktionen Preßverbindungen noch mit folgenden Fügeverbindungen kombiniert werden:

- Preßverbindung-Schmelzschweiß-Verbindung (1)


**Literatur zu Abschnitt 7.2.6**

1.  Verfahren zum Befestigen eines gehärteten Lagerbolzens in einem ungehärteten flächigen Metallteil. Offenlegungsschrift DE 3036702, IPK B 23 P, 19/04

2.  H. Gumpert: Festigkeitsuntersuchung an gefügten Lagerbolzen in flächigen Metallteilen. Persönliche Information 1991

## 7.2.7  Klemm-Preßlöt-Punktschluß-Verbindung

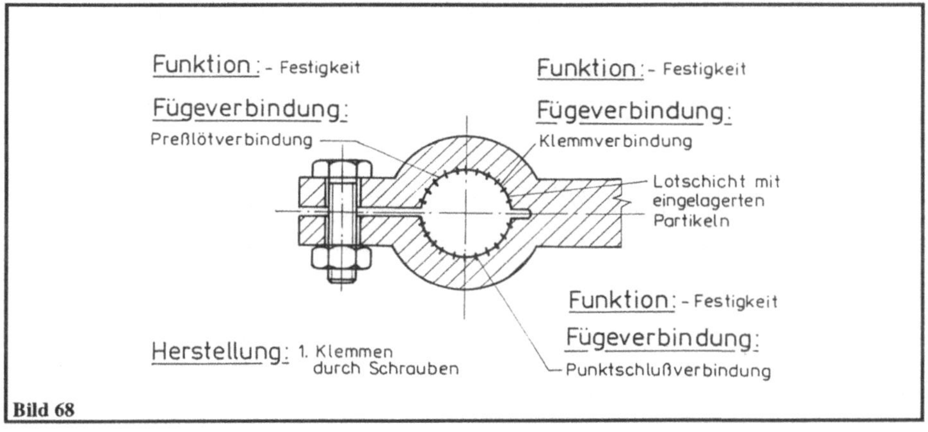


**Bild 68**

| Funktion | Vor- und Nachteile gegenüber | | | Eigenschaften der KFV | Literatur |
|---|---|---|---|---|---|
| | Klemmverbindung | Preßlötverbindung | Punktschlußverbindung | | |
| Lösbarkeit | = | | | = | /1/ |
| Festigkeit | + | | | + | /1/ |
| Temperaturbelastbarkeit | | | | + | |
| Sicherheit gegen Lösen | | | | + | |
| Korrosionsbeständigkeit | | | | + | |
| Dichtheit | | | | + | |
| Leitfähigkeit | | | | + | |
| Maßgenauigkeit | | | | = | |
| Zuverlässigkeit | + | | | + | /1/ |
| Wirtschaftlichkeit | | | · | (+) | |

| Werkstoffe | Metalle<br>Voraussetzung: Beschichtbarkeit mit Metallen |
|---|---|

| Gestaltung | |
|---|---|
| Bauteilform | vorzugsweise Welle-Nabe-Verbindungen<br>Profil-Profil |
| Räumliche Anordnung | ineinander |
| Verbindungsform | mittelbar |

| Herstellung | Auftragen der Schicht mit eingelagerten Partikeln, Klemmen, z. B. durch Schrauben |
| --- | --- |

| Anwendung | Maschinenbau, Fahrzeugbau, Energietechnik /1/ |
| --- | --- |

**Hinweise zur Funktion**

Die Tragfähigkeit der elementaren Klemmverbindung wird entscheidend durch den Reibungskoeffizienten bestimmt. Dieser wird durch die Anwendung von metallischen Schichten mit eingelagerten harten Partikeln erhöht.

**Hinweise zu den Werkstoffen**

Die Fügeteile in /1/ bestehen aus Stahl, wobei auf mindestens eine Fügefläche eine weiche Schicht aus Aluminium, Kupfer, Zinn, Blei, Magnesium, Zink, Cadmium oder aus deren Legierungen aufgebracht wird. Die Härte der Schicht liegt zwischen 1 und 75 Brinell. Die maximale Schmelztemperatur der Schichtwerkstoffe darf nicht über 1100 °C liegen. In die Schicht werden harte Partikel aus Aluminium-, Zirkonium-, Silizium-, Chromoxid, Metallkarbid, Molybdän oder Wolfram mit einer Härte von mindestens 500 Brinell eingelagert.

**Hinweise zu weiteren Kombinationsmöglichkeiten**

Die Verbesserung der Festigkeitseigenschaften von Klemmverbindungen kann weiterhin durch folgende Kombination erreicht werden:

•  Klemm-Preßlöt-Verbindung (1)

**Literatur zu Abschnitt 7.2.7**

1.    Schrumpf- und Klemmverband. Patentschrift, CHPS 608078, IPK F 16 B, 4/00

## 7.3 Kombinationen mit Schraubenverbindungen zur Realisierung der Fügbarkeit an dünnen Blechen

### 7.3.1 Schrauben-Bolzenschweiß-Verbindung

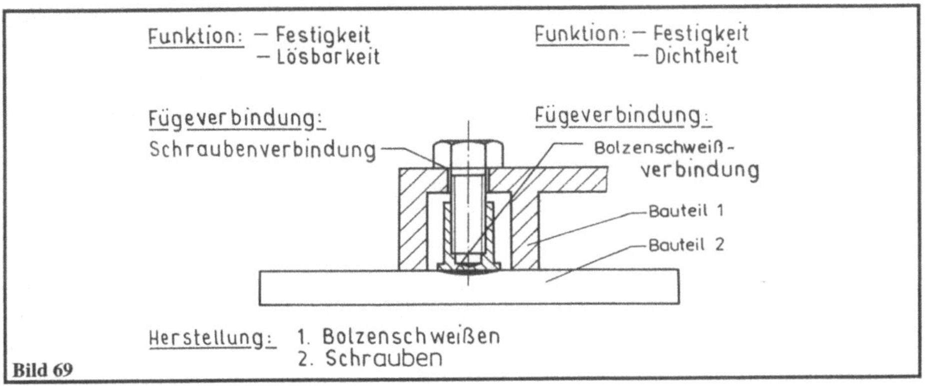


**Bild 69**

| Funktion | Vor- und Nachteile gegenüber | | Eigenschaften | Literatur |
|---|---|---|---|---|
| | Schraubenver-<br>bindung | Bolzenschweiß-<br>verbindung | der KFV | |
| Lösbarkeit | | | + | |
| Festigkeit | = | | + | /1-15/ |
| Temperaturbelastbarkeit | | | (+) | |
| Sicherheit gegen Lösen | | | | |
| Korrosionsbeständigkeit | | | + | |
| Dichtheit | + | | + | /1-15/ |
| Leitfähigkeit | | | + | |
| Maßgenauigkeit | | | + | |
| Zuverlässigkeit | | | + | |

| Werkstoffe | |
|---|---|
| | Metalle und Nichtmetalle<br>Voraussetzung: Bei mindestens einem Bauteil muß eine Bolzen-<br>schweißbarkeit vorliegen<br>Bolzenwerkstoffe: Stahl, Messing, Aluminium |

| Gestaltung | |
|---|---|
| Bauteilform | vorzugsweise Blech-Blech-Verbindungen<br>Platte-Platte, Platte-Profil |
| Räumliche Anordnung | nacheinander |
| Verbindungsform | mittelbar |

| Herstellung | Bolzenschweißen und Schrauben |
|---|---|

| Anwendung | Maschinenbau, Automobilbau, Elektrotechnik, Blechverarbeitung, Hausgerätebau, Bauwesen |
|---|---|

**Hinweise zur Funktion**

Durch die Kombination der Schraubenverbindung mit einer Schweißverbindung wird der Querschnitt der Konstruktion nicht geschwächt und es treten an der Fügestelle keine geometrischen Kerben auf. Die Festigkeit der Bolzenschweißverbindung muß über der Festigkeit des zu schweißenden Bolzens liegen /5, 8/. Für die Auslegung dieser kombinierten Fügeverbindung ist die Festigkeit der Schraubenverbindung ausschlaggebend. Bei der Prüfung, z. B. Schlagbiegeversuch, darf es nicht zu einem Bruch in der Schweißverbindung kommen. Im Bruchbild des Kerbschlagbiegeversuches sind Fehler in der Schweißverbindung kleiner 5 % des Durchmessers zugelassen /5/. Mindestbruchlasten verschiedener Schweißbolzen sind in Bild 70 enthalten. Diese Mindestbruchlasten sind Richtwerte, da die Abhängigkeit von der Dicke des Grundmaterials in dieser Darstellung nicht berücksichtigt ist.

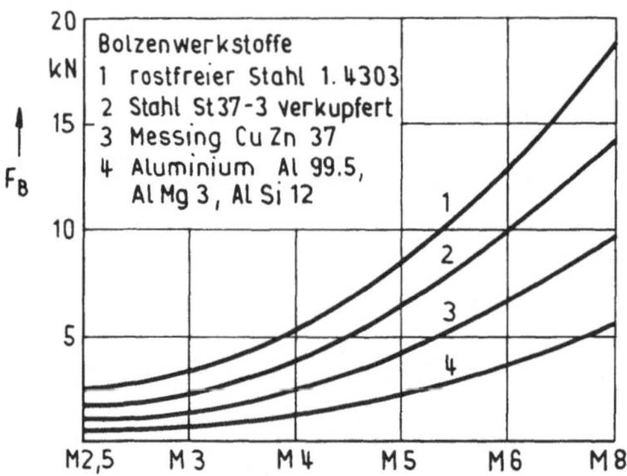


**Bild 70**   Richtwerte der Mindestbruchkräfte ($F_B$) von Schweißbolzen in Abhängigkeit vom Durchmesser und Bolzenwerkstoffen /7/

Diese Schrauben-Bolzenschweiß-Verbindung kann an Behältern angewendet werden, bei denen die Funktion "Dichtheit" gefordert ist. Der Blechwerkstoff wird nicht durchgeschweißt.

Eine hohe Maßgenauigkeit ist durch die Vermeidung von Verzug infolge der minimalen Wärmebeeinflussung zu erreichen. Bei Einhaltung entsprechender Parameter ist diese Bolzenschweißverbindung so herstellbar, daß sie von einer Seite nicht sichtbar ist.

Die Formen der Bolzen können an die entsprechenden Anforderungen angepaßt werden. Als Beispiel soll ein Bolzen mit Außengewinde genannt werden (Bild 71).

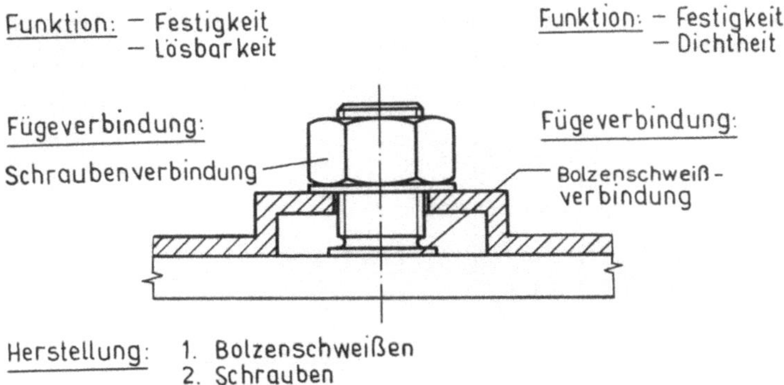


**Bild 71**  Schrauben-Bolzenschweiß-Verbindung mit Außengewindeschweißbolzen

**Hinweise zu den Werkstoffen**

Für die in den Tabellen 5 und 6 dargestellten metallischen Grundwerkstoffe des ersten Bauteils liegen Aussagen zur Schweißeignung vor. Das zweite Bauteil kann aus einem beliebigen metallischen oder nichtmetallischen Werkstoff bestehen. Die Eigenschaften dieser Werkstoffe sind bei der Auslegung der Schraubenverbindung zu beachten.

**Tab. 5**  Werkstoffkombinationen mit guter Schweißeignung beim Bolzenschweißen

| Grundwerkstoffe | Bolzenwerkstoffe | | | | | | |
|---|---|---|---|---|---|---|---|
| | Stahl St37 | Stahl, rostfrei 1.4303 | Aluminium Al 99,5 | Aluminiumlegierung AlMg3 | Aluminiumlegierung AlSi12 | Messing | Neusilber |
| Stahl bis 0,35 % C | /7-9/ | /7, 8/ | | | | /7-9/ | |
| Stahl bis 0,6 % C | | /7, 8/ | | | | /7, 8/ | |
| austenitischer Chrom-Nickel-Stahl | /7/ | /7-9/ | | | | | |
| Stahl, verzinkt, verzinnt, verbleit | /7-9/ | | | | | /7-9/ | |
| Kupfer | | | | | | /7-9/ | /7/ |
| Messing | /7, 8/ | | | | | /7-9/ | /7/ |
| Aluminium Al 99, Al 99,5 | | | /7-9/ | | | | |
| Aluminiumlegierung AlMg3, AlMg5 | | | /9/ | /7-9/ | /7-9/ | | |
| Aluminiumlegierung AlMn | | | /7, 8/ | | | | |
| Aluminiumlegierung AlMg4,5Mn | | | /9/ | /7-9/ | /7-9/ | | |
| Aluminiumlegierung AlSi5 | | | | | /7, 8/ | | |
| Aluminiumlegierung AlMg0,5 - 1,0 | | | | /9/ | /7-9/ | | |
| Aluminiumlegierung AlZnMg 1 | | | | | /7, 8/ | | |
| Aluminiumlegierung AlZnMgCr1,5 | | | | | /7, 8/ | | |

**Tab. 6**  Werkstoffkombinationen mit bedingter Schweißeignung beim Bolzenschweißen

| Grundwerkstoffe | Bolzenwerkstoffe | | | | | | |
|---|---|---|---|---|---|---|---|
| | Stahl St 37 | Stahl, rostfrei 1.4303 | Aluminium Al 99,5 | Aluminiumlegierung AlMg3 | Aluminiumlegierung AlSi12 | Messing | Neusilber |
| Stahl bis 0,35 % C | | /9/ | /8/ | /8/ | /8/ | | /7/ |
| Stahl bis 0,6 % C | /7, 8/ | /9/ | | | | | /7/ |
| austenitischer Chrom-Nickel-Stahl | /9/ | /7-9/ | | | | /7, 8/ | /7/ |
| Stahl, verzinkt, verzinnt, verbleit | | /7-9/ | /8/* | /8/* | /8/* | | /7/ |
| Kupfer | /7-9/ | /9/ | | | | | |
| Messing | /9/ | /7-9/ | | | | | |
| Zinn | | | | | | /7, 8/ | /7/ |
| Blei | | | | | | /7, 8/ | /7/ |
| Zink | | | | | | /7, 8/ | /7/ |
| Aluminium Al 99, Al 99,5 | | | | /7-9/ | /7-9/ | | |
| Aluminiumlegierung AlMg3, AlMg5 | | | /7, 8/ | | | | |
| Aluminiumlegierung AlMn | | | | /7, 8/ | /7, 8/ | | |
| Aluminiumlegierung AlMg4,5Mn | | | /7, 8/ | | | | |
| Aluminiumlegierung AlSi5 | | | /7, 8/ | /7, 8/ | | | |
| Aluminiumlegierung AlMg0,5 - 1,0 | | | /7-9/ | /7, 8/ | | | |
| Aluminiumlegierung AlZnMg 1 | | | /7, 8/ | /7, 8/ | | | |
| Aluminiumlegierung AlZnMgCr1,5 | | | /7, 8/ | /7, 8/ | | | |

* nur für Stahl verzinkt

Das Fügen der genannten Werkstoffe des ersten Bauteils ist auch bei einer einseitigen Beschichtung, wie z. B. mit Kunststoffen, möglich. Die in den Tabellen 5 und 6 nicht belegten Werkstoffkombinationen sind entweder nicht schweißbar oder den Autoren liegen keine Ergebnisse vor.

**Hinweise zur Herstellung**

Zur Herstellung der Bolzenschweißverbindung sind mehrere Verfahrensvarianten möglich, die in Abhängigkeit vom Bolzendurchmesser, der Blechdicke und dem Verhältnis Blechdicke-Bolzendurchmesser und der Oberflächenbeschaffenheit angewendet werden (Tab. 7).

Die Herstellung der Bolzenschweißverbindung ist mit geringem Aufwand verbunden. Für das Fügen der Bolzen sind keine Bohrungen notwendig. Die Schweißzeiten sind sehr kurz.

**Tab. 7**     Anwendungsbereiche verschiedener Bolzenschweißverfahren

| Verfahrensvariante | Bolzendurch-messer mm | Blech-dicke mm | Ein-brand mm | s / d | Schweißzeit s | Werkstoff | Quelle |
|---|---|---|---|---|---|---|---|
| Bolzenschweißen mit Hubzündung mit Keramikring | 3 - 30   3 - 22 | ab 2 | 1 - 3 | 1 : 4 | 0,1 - 2 | Stahl, Cr-Ni- Stahl (Al, Ms, Ti bedingt) | /9/   /8/ |
| Bolzenschweißen mit Hubzündung und Schutzgas | 3 - 12*   3 - 22 | ab 2 | 1 - 3 | 1 : 4 | 0,1 - 2 | Stahl, Cr-Ni- Stahl (Al, Ms, Ti bedingt) | /9/   /8/ |
| Bolzenschweißen mit Hubzündung mit Kurzzeit | 2 - 12   3 - 8 | ab 2   ab 1,5 | | 1 : 8 | 0,02 - 0,1   0,005 - 0,1 | Stahl, Cr-Ni- Stahl Al, Ms, Ni, Ti | /9/   /113/   /8/ |
| Bolzenschweißen mit Spitzenzün-dung | 2 - 8 (10)   2,5 - 8   3 - 8 | 0,5 | 0,1   0,3 | 1: 10 | 0,001 - 0,003   - 0,004 | Stahl, Cr-Ni- Stahl Al, Ms- | /9/   /7/   /8/ |
| Bolzenschweißen mit Vorstrom-zündung | 2 - 9 | 0,6 - 5 | 0,3 | 1 : 10 | 0,006 - 0,008 | problematische Oberfläche, Stahl, rostfreier Stahl | /9/   /8/ |

* über 6 mm Verwendung von Schutzgas oder Keramikringen

## Hinweise zu weiteren Kombinationsmöglichkeiten

Zur Realisierung der Funktionen "Festigkeit und Lösbarkeit" vorzugsweise an Dünnblech-konstruktionen sind auch folgende Kombinationen möglich:

- Schrauben-Schmelzschweiß-Verbindung (1)
- Schrauben-Punktschweiß-Verbindung (2)
- Schrauben-Schmelzlöt-Verbindung (2)
- Schrauben-Niet-Flächenschluß-Verbindung (1)
- Schrauben-Preß-Flächenschluß-Verbindung (1)
- Schrauben-Niet-Verbindung (1)

## Literatur zum Abschnitt 7.3.1


1.   T. Kopetsch, R. Freund: Abläufe beim Bolzenschweißen. Maschinenmarkt, Würzburg 94 (1988) 7, S. 31 - 33

2.   DIN 32500 / 01: Bolzen für Bolzenschweißen mit Hubzündung. 4.79

3.   DVS-Richtlinie 0905/01: Sicherung der Güte Bolzenschweißverbindungen mit Hub- und Ringzündung

4.   DVS-Richtlinie 0905 / 02: Sicherung der Güte von Bolzenschweißverbindungen. Bolzen mit Spitzenzündung 04. 79

5.   DIN 8563 / 10: Sicherung der Güte von Schweißarbeiten. Bolzenschweißverbindungen an Baustählen, Bolzenschweißen mit Hub- und Ringzündung. 12.84

6.   DVS-Richtlinie 2927: Widerstandbuckelschweißen und Lichtbogenbolzenschweißen von einseitig kunststoffbeschichteten Stahlblech 05.87

7.    Prospekt der Firma OBO Bettermann, Menden 1990

8.    Schulungsunterlagen der Firma HBS Heberle Bolzenschweißsysteme. Dachau 1991

9.    Prospekt der Firma Soyer, Wörthsee-Etterschlag, 1989

10.   W. Rostek: Untersuchung der Zusammenhänge zwischen den Einstellparametern, der Lichtbogenbrennzeit und der Bruchkraft beim Bolzenschweißen mit Spitzenzündung. Schweißen und Schneiden, Düsseldorf 41 (1989) 8, S. 388 - 391

11.   K.G. Schmitt: Untersuchungen zur Prozeßanalyse und prozeßbegleitenden Qualitätskontrolle beim Bolzenschweißen mit Spitzenzündung. Dissertation Universität-Gesamthochschule Paderborn 1983

12.   W. Rostek: Entwicklung und Einsatz von computergestützten Systemen für experimentelle Untersuchungen beim Bolzenschweißen, Punktschweißen und Schutzgasschweißen. Dissertation Universität-Gesamthochschule Paderborn 1986

13.   G. Yang, W. Welz: Kurzzeitbolzenschweißen mit Hubzündung. Schweißen und Schneiden, Düsseldorf 38 (1986) 3, S. 128 - 131

14.   DIN 32501: Bolzen für Bolzenschweißen mit Spitzenzündung 07.91

15.   Prospekt der Firma TRW Nelson Bolzenschweißtechnik GmbH & Co.KG, Gevelsberg 1990

## 7.3.2  Schrauben-Buckelschweiß-Verbindung

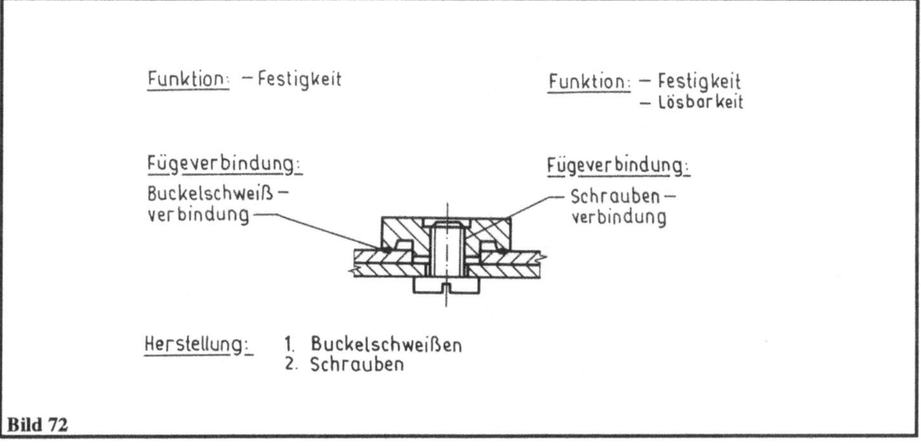


**Bild 72**

| **Funktion** | Vor- und Nachteile gegenüber | | Eigenschaften der KFV | Literatur |
| --- | --- | --- | --- | --- |
| | Schraubenver-bindung | Buckelschweiß-verbindung | | |
| Lösbarkeit | = | | = | /1-6/ |
| Festigkeit | = | | = | /1-6/ |
| Temperaturbelastbarkeit | | | = | |
| Sicherheit gegen Lösen | | | = | |
| Korrosionsbeständigkeit | | | (+) | |
| Dichtheit | | | (+) | |
| Leitfähigkeit | | | = | |
| Maßgenauigkeit | | | = | |
| Zuverlässigkeit | + | | + | /1-6/ |
| Wirtschaftlichkeit | | | = | |

| **Werkstoffe** | Metalle und Nichtmetalle<br>Voraussetzung: ein Metall muß preßschweißbar sein<br>Schweißmutter aus Stahl oder Aluminium |
| --- | --- |

| **Gestaltung** | |
| --- | --- |
| Bauteilform | vorzugsweise Blechverbindungen<br>Platte-Platte /1-5/ |
| Räumliche Anordnung | nacheinander |
| Verbindungsform | mittelbar |

| Herstellung | Buckelschweißen<br>Schrauben |
|---|---|

| Anwendung | Blechverarbeitung, Fahrzeugbau /3/ |
|---|---|

### Hinweise zur Funktion

Ziel der Schrauben-Buckelschweiß-Verbindung ist die Herstellung hochfester Schraubenverbindungen an dünnen Blechen, deren Blechdicke nicht für die Fertigung der notwendigen Gewindelänge ausreicht. Die Festigkeit der Schweißverbindung ist an die vorgeschriebene Festigkeit der Schraube angepaßt und erreicht die Festigkeitsklassen 4.6, 5.6 und 8.8. Für die kombinierte Schrauben-Schweiß-Verbindung mit Schweißschrauben werden in Bild 73 die Mindestbruchkräfte bei Zugbeanspruchung dargestellt.

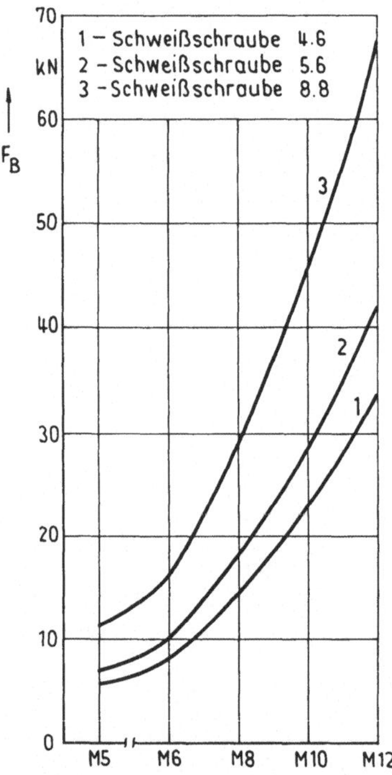


**Bild 73**   Mindestbruchkräfte ($F_B$) von kombinierten Schrauben-Buckelschweiß-Verbindungen mit Schweißschrauben bei Zugbeanspruchung (Werte nach /4/)

### Hinweise zu den Werkstoffen

Bei der Auswahl des Werkstoffes für das Fügeelement ist auf die Gefahr des Aufhärtens beim Schweißen zu achten. Aus diesem Grund sind Schweißschrauben und -muttern nur aus Stählen mit einem niedrigen bis mittleren Kohlenstoffgehalt anwendbar. Zu den in der Tabelle 8 dargestellten Werkstoffen liegen in der Literatur Angaben vor.

**Tab. 8**    Werkstoffkombinationen beim Buckelschweißen von Schweißmuttern und Schweißschrauben

| Fügeelement Grundwerkstoff | Aluminium | Stahl wärmebeständig | Stahl rostfrei | allgemeiner Baustahl |
|---|---|---|---|---|
| allgemeiner Baustahl | | /1/ | | /1, 6/ |
| Stahl rostfrei | | | /6/ | |
| Stahl wärmebeständig | | | | |
| Aluminium | /5/ | | | |

**Hinweise zur Gestaltung**

Bei den Schrauben-Buckelschweiß-Verbindungen können neben den Schweißmuttern auch Schweißschrauben eingesetzt werden (Bild 74) /4, 5/. Entsprechend der Konstruktion kann die Geometrie der Schweißschrauben als Durchsteck- oder Aufsetzverbindung ausgebildet sein. Entsprechend den Anforderungen stehen bei den Schweißschrauben aus Stahl unterschiedliche Kopfformen und Schweißbuckel zur Verfügung (Bild 75) /4/. Für Aluminiumschweißmuttern werden in /5/ die Anwendung von einem unterbrochenen Ringbuckel und für Aluminiumschweißbolzen drei Rundbuckel empfohlen.

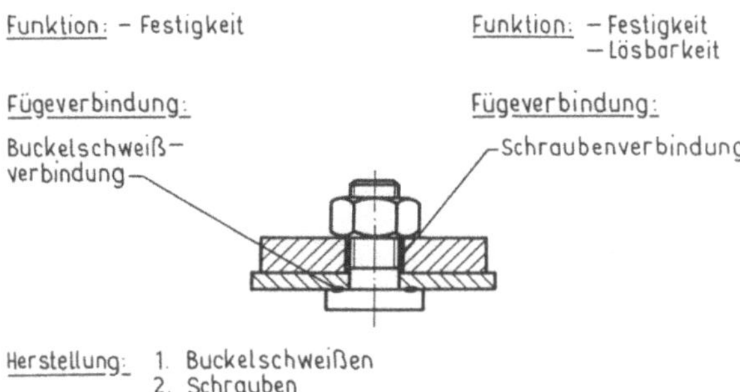


**Bild 74**    Kombinierte Schrauben-Buckelschweiß-Verbindung mit Schweißschraube

Durch die spezielle Gestaltung der Schweißmutter im Bereich der Bohrung wird ihr Zentrieren vereinfacht /2, 3/ und die Beeinträchtigung des Gewindes durch Schweißspritzer kann verhindert werden /2/.

**Hinweise zur Herstellung**

Die Oberflächen der zu verschweißenden Bauteile müssen frei von Öl, Rost, Zunder und Oberflächenschutzschichten sein. Bei der Herstellung der Schrauben-Buckelschweiß-Verbindung ist beim Schweißen sehr genau auf die Arbeitswerte Schweißstrom, Schweißkraft und Nachwärmzeit zu achten. Vor allem bei Stahlwerkstoffe mit einem Kohlenstoffgehalt größer 0,22 % ist unbedingt ein Nachglühen (Impuls 3 - 8 Perioden) anzuwenden, damit keine unerwünschten Gefügeumwandlungen auftreten /4/. Durch die Wahl der Arbeitswerte ist zu gewährleisten, daß beim Schweißen keine Spritzer auftreten, die im Schraubengewindebereich die Herstellung der Schraubenverbindung behindern könnten.

Beim Buckelschweißen von Aluminiumteilen ist besonders auf das Nachsetzverhalten der Maschinen zu achten, da die Aluminiumbuckel schlagartig schmelzen /5/.

| Schraubenform | Buckelform und -anordnung | Schraubenform | Buckelform und -anordnung |
|---|---|---|---|
| | Rundbuckel 90° oder 120° | | Ringbuckel |
| | Rundbuckel 90° | | Langbuckel 90° |
| | Rundbuckel 90° | | Radialbuckel 90° |
| | Rundbuckel an der Stirnseite 90° | | Rundbuckel 90° |
| | Mittelbuckel an der Stirnseite | | |

**Bild 75**      Gestaltung der Schweißschrauben

**Hinweise zu weiteren Kombinationsmöglichkeiten**

Schraubenverbindungen können durch die Kombinationen auch mit den folgenden Fügeverbindungen an dünnen Blechen angewendet werden:

- Schrauben-Schmelzschweiß-Verbindung (1)
- Schrauben-Schmelzlöt-Verbindung (1)
- Schrauben-Kaltniet-Flächenschluß-Verbindung (1)
- Schrauben-Längspreß-Flächenschluß-Verbindung (1)
- Schrauben-Kleb-Verbindung (1)

**Literatur zu Abschnitt 7.3.2**

1.  G. Junker, H. Koethe, H. Lienemann: Schraubenverbindungen. Verlag Technik, Berlin 1968

2.  Schweißverbindung eines Bauteils mit einem Trägerblech. Erfindungsbeschreibung DEOS 3921119, IPK B 23 K, 33/00

3.  Möglichkeit des Schweißens einer Mutter auf einem dünnen Metallblech. Erfindungsbeschreibung JP 59-7550, IPK B 23 K, 11/14

4.  Schweißschrauben für Widerstands-Buckelschweißen mit 3 Warzen. Werknorm E. W. Paul Menschel, Plettenberg 1983

5.  F. Eichhorn, M. Emonts, B. Leuschen: Buckelschweißen von Aluminiumwerkstoffen mit unterschiedlichen Buckelarten. Aluminium, Düsseldorf 58 (1982) 8, S. 451 - 457

6.  Automatisches Schrauben - ICS Handbuch. Mönnig Verlag Iserlohn 1993

7.  DIN 928: Vierkantschweißmuttern

8.  DIN 929: Sechskantschweißmuttern

## 7.3.3 Schrauben-Niet-Verbindung

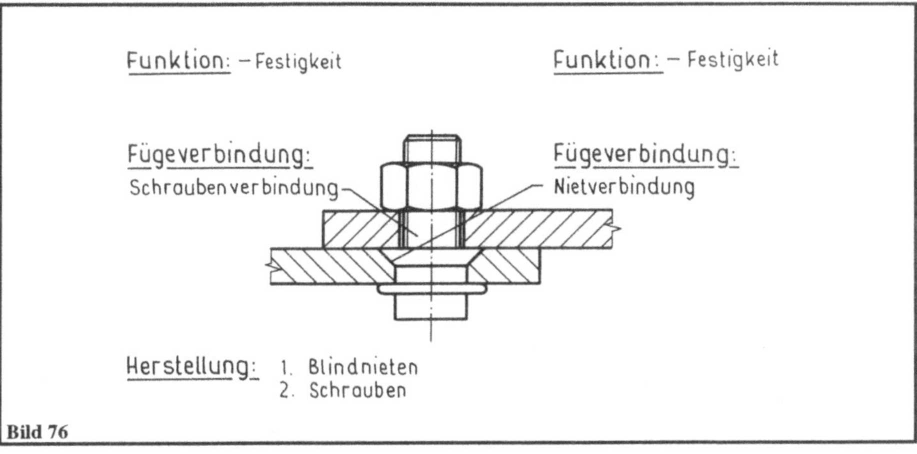


**Bild 76**

| **Funktion** | Vor- und Nachteile gegenüber | | Eigenschaften | Literatur |
| --- | --- | --- | --- | --- |
| | Schraubenver-bindung | Nietverbindung | der KFV | |
| Lösbarkeit | = | + | + | /1-6/ |
| Festigkeit | = | = | = | /1-6/ |
| Temperaturbelastbarkeit | | | = | |
| Sicherheit gegen Lösen | | | = | |
| Korrosionsbeständigkeit | | | = | |
| Dichtheit | + | + | + | /2, 4/ |
| Leitfähigkeit | | | = | |
| Maßgenauigkeit | | | = | |
| Zuverlässigkeit | | | = | |
| Wirtschaftlichkeit | | | = | |

| **Werkstoffe** | Metalle und Nichtmetalle<br>Voraussetzung: Werkstoff darf beim Nieten nicht wegfließen<br>Einnietmutter, Einnietschrauben: Stahl, Messing,<br>Aluminiumlegierungen |
| --- | --- |

| **Gestaltung** | |
| --- | --- |
| Bauteilform | vorzugsweise Dünnblechverbindungen<br>Platte-Platte |
| Räumliche Anordnung | nacheinander |
| Verbindungsform | mittelbar |

| Herstellung | Blindnieten, das Nietwerkzeug ist anschließend herauszuziehen<br>Schrauben<br>oder:<br>Stanznieten<br>Schrauben |
| --- | --- |

| Anwendung | Blechverarbeitung, Fahrzeugbau, Hausgerätetechnik, Elektrotechnik, Apparatebau, Luft- und Raumfahrt |
| --- | --- |

**Hinweise zur Funktion**

Die Übertragungsfähigkeit dieser kombinierten Fügeverbindung wird durch die Festigkeitseigenschaften der beiden nacheinander angeordneten elementaren Fügeverbindungen bestimmt. Die Festigkeitsklasse der Blindnietschrauben liegt zwischen 5.8 und 10.9 /1, 4/. Im Bild 77 sind Richtwerte der Festigkeitseigenschaften von Blindnietmuttern ohne den Einfluß der Blechdicke und der Blechqualität dargestellt. Die übertragbaren Torsionsmomente der Nietverbindung liegen über den zulässigen Anziehdrehmomenten für die Schraubenverbindung. Die Biegewechselfestigkeit wird durch das Ermüdungsverhalten der Bleche bestimmt /4/.

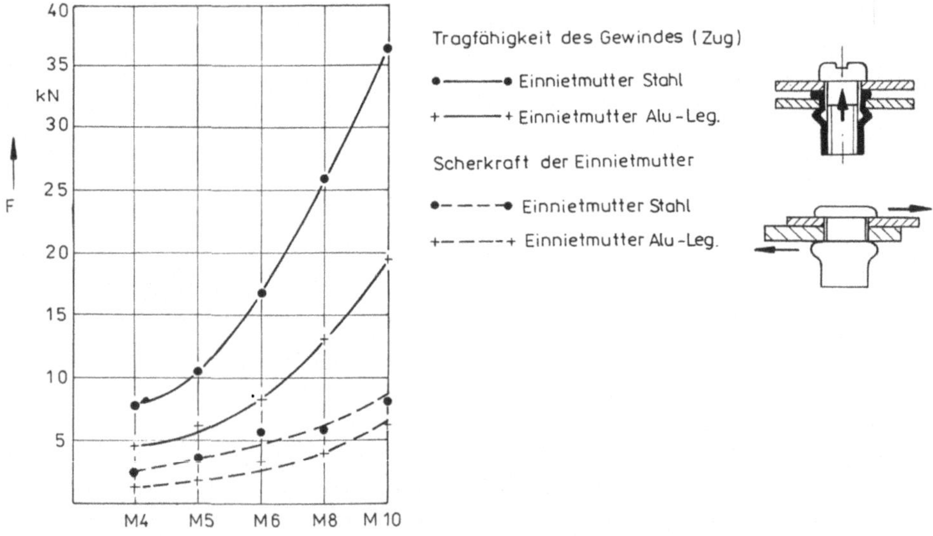


**Bild 77**    Richtwerte der übertragbare Kräfte von Schrauben-Niet-Verbindungen (Werte nach /1/)

Spritzwasserdichte Fügeverbindungen sind herstellbar, wenn Blindnietmuttern in geschlossener Ausführung verwendet werden /4/.

**Hinweise zu den Werkstoffen**

Die Bauteile können aus Metallen oder Nichtmetallen bestehen. Eine Oberflächenvorbehandlung beispielsweise mit metallischen Schutzschichten, Lacken, Emaille vor dem Fügen ist möglich. Blindnietmuttern und Blindnietschrauben werden aus un- und niedriglegiertem Stahl, verzinktem Stahl, Chrom-Nickel-Stahl, Aluminiumlegierungen oder Messing angeboten /3, 5/.

**Hinweise zur Gestaltung**

Die Blindnietschrauben und -muttern haben entsprechend der Anwendung entweder einen Flach- oder Senkkopf mit offenem oder geschlossenem Schaftende. Bei der Auswahl der Fügeelemente ist auf den Klemmbereich zu achten, der aus den zu fügenden Blechdicken einschließlich allen Oberflächenschichten besteht. Für die in der Tabelle 9 angegebenen Bereiche werden Fügeelemente angeboten.

**Tab. 9**   Klemmbereiche und Gewindeabmessungen für Blind-Einnietmuttern und Blind-Einnietschrauben /1, 5/

| | | Klemmbereich mm | Gewindeabmessung |
|---|---|---|---|
| Blind-Einnietmutter | Flachkopf | 0,25 - 6,0 (8,0) | M3 - M12 |
| | Senkkopf | 1,7 - 6,0 | M4 - M10 |
| Blind-Einnietschraube | Flachkopf | 0,5 - 4,9 (8,0) | M4 - M8 |
| | Senkkopf | 1,5- 3,9 (7,0) | M4 - M8 |

Bei der Gestaltung der Fügeverbindung ist es auch möglich, zwei Bauteile mit der Blind-Einnietverbindung zu fügen und anschließend über die Schraubenverbindung weitere Bauteile an die Bleche zu fügen. Die Gewindelänge kann entsprechend der konstruktiven Anforderungen gewählt werden.

Für das Stanznieten werden die in Tabelle 10 angegebenen Fügeelemente angeboten.

**Tab. 10**   Blechdickenbereiche für Stanzmuttern und -schrauben /4/

| | | Blechdickenbereich mm | Gewindeabmessungen |
|---|---|---|---|
| Stanzbolzen | | 0,63 - 8,0 | M5 - M12 |
| Stanzmutter | RS | 0,60 - 3,25 | M3 - M10 |
| | UM | 0,63 - 1,7 | M5 - M12 |

Ist die Nietverbindung in dem weicheren Werkstoff herzustellen, ist ein zusätzlicher Formschluß vorzusehen.

**Hinweise zur Herstellung**

Die Blindnietverbindung kann sowohl mit Handwerkzeugen als auch mit pneumatisch-hydraulischen Setzgeräten hergestellt werden. Bei der Anwendung von Stanzbolzen bzw. -muttern kann diese kombinierte Fügeverbindung auch an ungelochten Bauteilen gefertigt werden.

**Hinweise zu weiteren Kombinationsmöglichkeiten**

Zur Herstellung von lösbaren Fügeverbindungen an vorzugsweise dünnen Werkstücken können auch folgende Kombinationen verwendet werden:

- Schrauben-Schmelzschweiß-Verbindung (2)
- Schrauben-Punktschweiß-Verbindung (12)
- Schrauben-Schmelzlöt-Verbindung (2)
- Schrauben-Preß-Flächenschluß-Verbindung (1)
- Schrauben-Niet-Flächenschluß-Verbindung (1)

**Literatur zu Abschnitt 7.3.3**

1. Prospekt: Blind-Einnietschrauben und Blind-Einnietmuttern. Verbindungselemente Vertriebs-Gesellschaft mbH & Co, KG, Frödenberg

2. Prospekt: Blindnietmuttern, Werksnormen. Avdel Verbindungstechnik GmbH Langenhagen 1990

3. K. Kobusch: Gut gesichert ohne Gegenhalt. Maschinenmarkt. Würzburg 92 (1986) 45, S. 20 - 24

4. Prospekt Profil SB-Stanzbolzen, RS-Stanzmuttern, UM-Stanzmuttern. Profil-Verbindungstechnik GmbH & Co, KG, Friedrichsdorf 1990

5. Prospekt: RIV-TI-Blind-Einnietmuttern. Gesellschaft für Befestigungstechnik, Gebr. Titgemeyer GmbH & Co, KG, Osnabrück

6. Prospekt: Blindnietmuttern und -schrauben. Böllhoff & Co. Verbindungs- und Montagetechnik, Bielefeld 1993

## 7.3.4  Schrauben-Niet-Kerbzahn-Verbindung



**Bild 78**

| Funktion | Vor- und Nachteile gegenüber | | | Eigenschaften der KFV | Literatur |
|---|---|---|---|---|---|
| | Schrauben-verbindung | Nietverbin-dung | Kerbzahn-verbindung | | |
| Lösbarkeit | = | | | = | /1-8/ |
| Festigkeit | + | | | + | /1-8/ |
| Temperaturbelastbarkeit | | | | + | |
| Sicherheit gegen Lösen | | | | + | |
| Korrosionsbeständigkeit | | | | = | |
| Dichtheit | + | | | + | /1,2,8/ |
| Leitfähigkeit | | | | = | |
| Maßgenauigkeit | + | | | + | /1-8/ |
| Zuverlässigkeit | | | | + | |
| Wirtschaftlichkeit | | | | + | |

| Werkstoffe | Metalle und Nichtmetalle, vorzugsweise weiche Werkstoffe<br>Einnietmutter, Einnietschraube: Metalle |
|---|---|

| Gestaltung | |
|---|---|
| Bauteilform | vorzugsweise Dünnblechverbindungen<br>Platte-Platte |
| Räumliche Anordnung | nacheinander |
| Verbindungsform | mittelbar |

| Herstellung | Nieten<br>Schrauben |
| --- | --- |

| Anwendung | Blechverarbeitung, Fahrzeugbau, Feinwerktechnik, Haushaltgerätebau |
| --- | --- |

**Hinweise zur Funktion**

Die zusätzliche Kerbzahnverbindung wird bei der Schrauben-Niet-Verbindung angewendet, wenn eine hohe Verdrehsicherheit gefordert ist. Das Gewinde der Einnietmutter ist lehrenhaltig und verschleißfest. Bei der Funktion "Dichtheit" kann eine Nietmutter mit Grundloch verwendet werden. Entsprechend der angewendeten Fügeelemente ist eine Belastung der Einnietmutter auf Zug und Druck möglich.

**Hinweise zu den Werkstoffen**

Die Bauteile können aus Metallen oder Nichtmetallen bestehen. Als Fügeelementwerkstoff wird Baustahl, rostbeständiger Stahl, Leichtmetall oder Messing verwendet.

**Hinweise zur Gestaltung**

Der zusätzliche Formschluß zur Aufnahme der Torsionsbeanspruchung kann in Form einer Kerbverzahnung, Rändelung oder als Sechskantaußenprofil des Fügeelements vorliegen. Bei einer nur einseitigen Zugänglichkeit der Fügestelle kann eine Blindeinnietschraube verwendet werden (Bild 79).

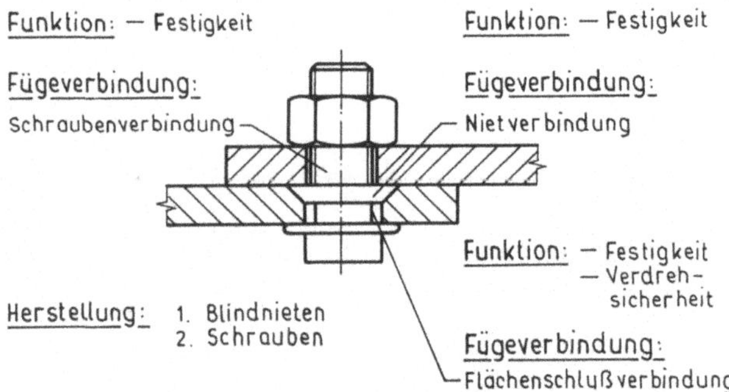


**Bild 79**     Schrauben-Niet-Flächenschluß-Verbindung mit Blindeinnietschraube

**Hinweise zur Herstellung**

Die Schrauben-Niet-Kerbzahn-Verbindung kann durch Nieten mittels Nietdorn, durch Blindnieten oder durch Selbststanznieten hergestellt werden.

**Hinweise zu weiteren Kombinationsmöglichkeiten**

Zur Herstellung von lösbaren Fügeverbindungen an vorzugsweise dünnwandigen Werkstücken können folgende weitere Kombinationen verwendet werden:

- Schrauben-Niet-Verbindung (1)
- Schrauben-Schmelzschweiß-Verbindung (2)
- Schrauben-Buckelschweiß-Verbindung (2)
- Schrauben-Schmelzlöt-Verbindung (2)
- Schrauben-Kleb-Verbindung (1)
- Schrauben-Preß-Flächenschluß-Verbindung (1)

**Literatur zu Abschnitt 7.3.4**

1.   Blindniet- und Korbmuttern. Industrieanzeiger, Essen 109 (1987) 23, S. 18 - 20

2.   Prospekt: Gewinde für dünne Formteile. Druckschrift 40 Kerb-Konus-Vertriebs-GmbH Amberg. 1990

3.   Prospekt: Blind-Einnietschrauben und Blind-Einnietmuttern. Verbindungselemente Vertriebs-Gesellschaft mbH & Co. KG, Frödenberg 1990

4.   K. Kobusch: Gut gesichert ohne Gegenhalt. Maschinenmarkt, Würzburg 92 ( 1986) 45, S. 20 - 24

5.   Druckschrift: Blindnietmuttern,   Werksnormen. Avdel- Verbindungselemente GmbH. Langenhagen 1990

6.   Prospekt: RIV-TI Blind-Einnietmutter. Gesellschaft für Befestigunstechnik Gebr. Titgemeyer GmbH & Co. KG. Osnabrück

7.   K. P. Groebel: Die kerbverzahnte Einnietmutter. Angewandte Technik "Niettechnik + Alternativen" Verlag Technikliteratur, Limeshain 1, 1991 S. 53 - 57

8.   Prospekt Blindnietmuttern und -schrauben. Böllhoff & Co., Verbindungs- und Montagetechnik, Bielefeld 1993

## 7.3.5  Schrauben-Preß-Kleb-Verbindung

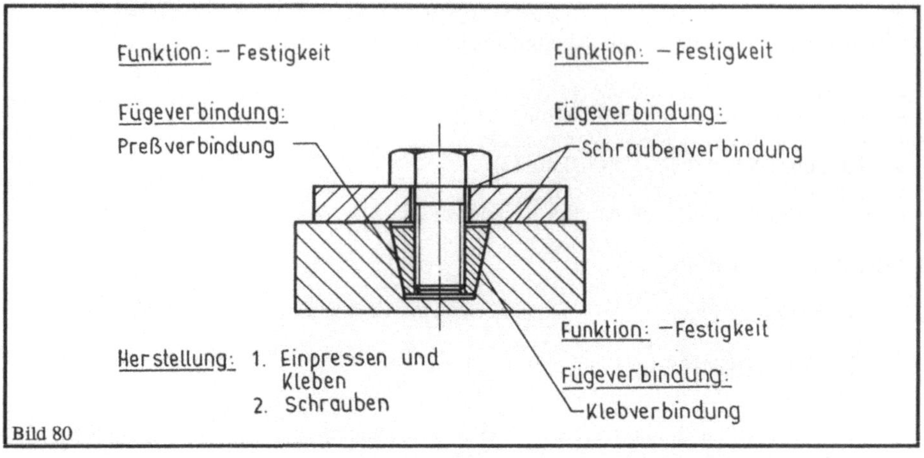



Bild 80

| Funktion | Vor- und Nachteile gegenüber | | | Eigenschaf-ten der KFV | Litera-tur |
|---|---|---|---|---|---|
| | Schrauben-verbindung | Preßverbin-dung | Klebverbin-dung | | |
| Lösbarkeit | | | | + | |
| Festigkeit | | | | + | |
| Temperaturbelastbarkeit | | | | = | |
| Sicherheit gegen Lösen | | | | + | |
| Korrosionsbeständigkeit | | | | + | |
| Dichtheit | | | | = | |
| Leitfähigkeit | | | | | |
| Maßgenauigkeit | | | | = | |
| Zuverlässigkeit | | | | + | |
| Wirtschaftlichkeit | | | | (+) | |

| Werkstoffe | Metalle und Nichtmetalle<br>Voraussetzung: Elastizität<br>Gewindeeinsätze mit mikroverkapselten Klebstoff |
|---|---|

| Gestaltung | |
|---|---|
| Bauteilform | Profil-Profil, Profil-Platte, Platte-Platte |
| Räumliche Anordnung | nacheinander |
| Verbindungsform | mittelbar |

| Herstellung | Einpressen des mit Klebstoff beschichteten Gewindeeinsatzes Schrauben |
|---|---|

| Anwendung | Metallbau, Leichtbau |
|---|---|

**Hinweise zur Funktion**

Durch die Anwendung von mikroverkapselten Klebstoff kann der Herstellungsaufwand beim Anwender auf das Einpressen des Gewindeeinsatzes beschränkt werden. Die Haltekräfte des Gewindeeinsatzes werden durch die Kegelneigung bestimmt. Bei einer Kegelneigung von 1 : 10 ist die Haltekraft 30 fach höher als die Einpreßkraft und bei 1 : 50 ist die Steigerung 100 fach /1/. Zusätzlich zur Haltekraft, die durch die Kegelpreßverbindung realisiert wird, kommt noch der Anteil der Klebverbindung.

**Hinweise zu weiteren Kombinationsmöglichkeiten**

Zur Gewährleistung der Festigkeitseigenschaften von Schraubenverbindungen an Bauteilen aus einem weichen Werkstoff können folgende weitere Kombinationen verwendet werden:

- Schrauben-Schrauben-Verbindung (1)
- Schrauben-Schmelzschweiß-Verbindung (1)
- Schrauben-Preß-Kleb-Verbindung (1)
- Schrauben-Preß-Verbindung (1)

**Literatur zu Abschnitt 7.3.5**

1.    Gewindeeinsatz. Erfindungsbeschreibung DEPS 3243254, IPK F 16B, 37/12

### 7.3.6  Schrauben-Schrauben-Verbindung

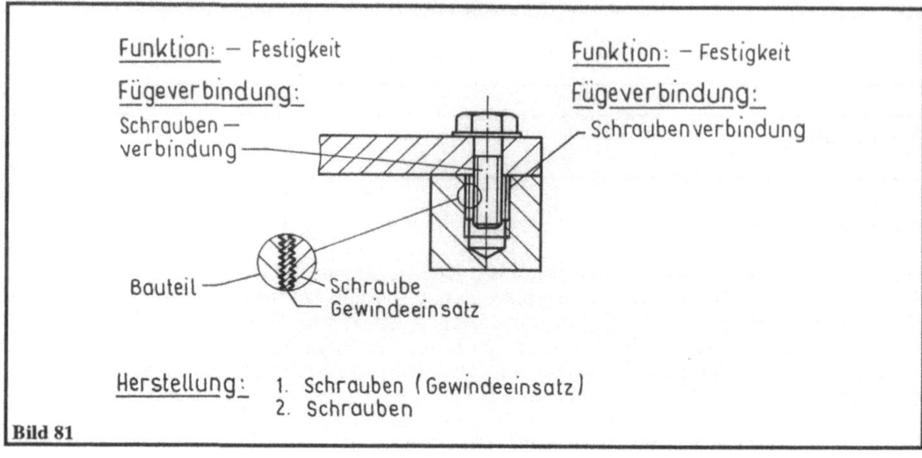


| Funktion | Vor- und Nachteile gegenüber | | Eigenschaften der KFV | Literatur |
| --- | --- | --- | --- | --- |
| | Schraubenverbin-dung | Schraubenverbin-dung | | |
| Lösbarkeit | = | | = | /1-7/ |
| Festigkeit | + | | + | /1-7/ |
| Temperaturbelastbarkeit | | | + | |
| Sicherheit gegen Lösen | + | | + | /1-7/ |
| Korrosionsbeständigkeit | | | = | |
| Dichtheit | | | = | |
| Leitfähigkeit | | | = | |
| Maßgenauigkeit | | | = | |
| Zuverlässigkeit | | | + | |
| Wirtschaftlichkeit | | | (+) | |

| Werkstoffe | Metalle und Nichtmetalle<br>Voraussetzung: Werkstoff der Bauteile muß weicher als der der Gewindeeinsätze sein<br>Gewindeeinsätze: z. B. Stahl, Messing |
| --- | --- |

| Gestaltung | |
| --- | --- |
| Bauteilform | Profil-Platte /1-3/, Profil-Profil |
| Räumliche Anordnung | nebeneinander |
| Verbindungsform | mittelbar |

| Herstellung | Einschrauben des Gewindeeinsatzes mit gleichzeitigem Schneiden des Gewindes<br>Schrauben |
|---|---|

| Anwendung | Fahrzeug-, Anlagen- und Gerätebau, Elektrotechnik, Feinwerktechnik, Hausgerätetechnik |
|---|---|

**Hinweise zur Funktion**

Die Bruchkräfte von Schraubenverbindungen mit Gewindeeinsätzen sind im Vergleich zur Prüfkraft einer Schraubenverbindung in Bild 82 dargestellt. Die Bruchkraft beim Herausziehen des Gewindeeinsatzes kann überschlagsmäßig wie folgt berechnet werden /3/:

$$F_B = \varepsilon * d_2 * \pi * 1 * \tau_S$$

$F_B$     - Bruchkraft

$d_2$     - Außendurchmesser des Gewindeeinsatzes

$1$     - Länge des Gewindeeinsatzes

$\tau_S$     - Scherfestigkeit des Grundwerkstoffes

       bei Leichtmetall - Knetwerkstoff 50 - 70 % der Zugfestigkeit

       bei Leichtmetall - Gußwerkstoff 55 - 80 % der Zugfestigkeit

$\varepsilon$     - Beiwert für verschiedene Gewindeeinsätze

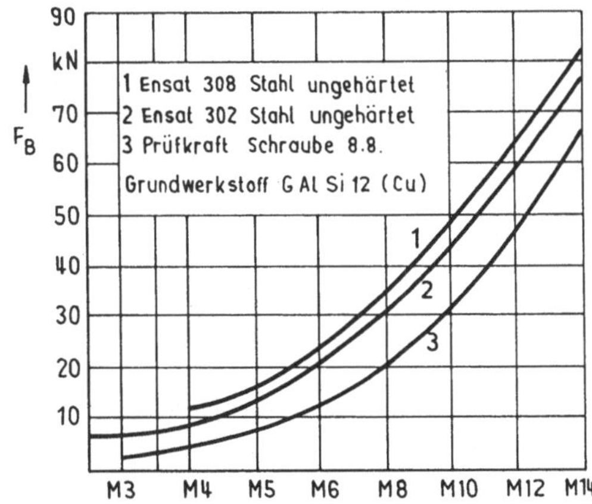


**Bild 82**      Bruchkräfte ($F_B$) einer kombinierten Schrauben-Schrauben-Verbindung (Werte nach /3/)

Durch eine mögliche Oberflächenbehandlung der Gewindeeinsätze (verzinkt oder gelb chromatiert) kann eine hohe Verschleißfestigkeit erreicht werden. Die beschichteten Einsätze werden vor allem dort angewendet, wo die Schneidfähigkeit der Gewindeeinsätze durch die Werkstoffeigenschaften des Bauteils nicht gegeben ist /2/. Durch diese Kombination kann eine ausreichende Vibrationsfestigkeit gewährleistet werden.

**Hinweise zu den Werkstoffen**

Diese kombinierte Fügeverbindung wird vor allem bei Werkstoffen mit relativ geringer Scherfestigkeit eingesetzt, wie

- Leichtmetallegierungen
- Gußeisen
- Messing, Bronze
- Schichtwerkstoffe
- Harthölzer
- Kunststoffe

**Hinweise zur Gestaltung**

Für die Aufnahme der Gewindeeinsätze können vorgegossene oder vorgebohrte Aufnahmelöcher mit normalen Toleranzen verwendet werden. Der Bohrungsdurchmesser ist bei zähen, harten und spröden Werkstoffen größer zu wählen als für weiche und elastische Werkstoffe. Bei der Anordnung der Bohrungen ist auf eine Mindestwandstärke zu achten.

- für Leichtmetall  $> 0{,}2 - 0{,}6\ d_2$
- für Gußeisen  $> 0{,}3 - 0{,}5\ d_2$

Die Länge des Gewindeeinsatzes muß kleiner oder gleich der Materialstärke sein. Ein Ansenken der Bohrung ist in der Regel nicht notwendig, aber der Gewindeeinsatz sollte einen oberflächenbündigen Sitz haben. Für die unterschiedlichen Anwendungsfälle und Werkstoffe existieren verschiedene Formen von Gewindeeinsätzen /4 - 7/.

**Hinweise zu weiteren Kombinationsmöglichkeiten**

Die Verbesserung der Festigkeitseigenschaften von Schraubenverbindungen an weichen Werkstoffen kann durch folgende Kombinationen erreicht werden:

- Schrauben-Schmelzschweiß-Verbindung (1)
- Schrauben-Preßschweiß-Verbindung (1)
- Schrauben-Schrauben-Kleb-Verbindung (1)
- Schrauben-Preß-Verbindung (1)

**Literatur zu Abschnitt 7.3.6**


1.    B. Stöveken: Gewindeeinsätze für Schraubenverbindungen. Schweizer Maschinenmarkt. Goldach 73 (1973) 29,

2.    B. Stöveken: Gewindeeinsätze bereits bei der Konstruktion berücksichtigen. Maschinenmarkt. Würzburg, 88 (1982) 25,

3.    Prospekt: Gewinde für Metall. Druckschrift 20, Kerb-Konus-Vertriebs-GmbH, Amberg 1993

4.    Selbstschneidender Gewindeeinsatz. Erfindungsbeschreibung DEPS 3243255, IPK F16 b, 37/00

5.    Verfahren zur Herstellung selbstschneidender Gewindeeinsätze. Erfindungsbeschreibung DEPS 3246179, IPK F16 b, 37/12

6.    Selbstschneidender Gewindeeinsatz. Erfindungsbeschreibung DEPS 3301088, IPK F16 b, 37/12

7.    Selbstschneidender Gewindeeinsatz. Erfindungsbeschreibung DEPS 3311378, IPK F16 b, 37/12

## 7.4 Kombinationen mit Schraubenverbindungen zur Realisierung der Fügbarkeit an Keramikbauteilen

### 7.4.1 Schrauben-Kleb-Verbindung

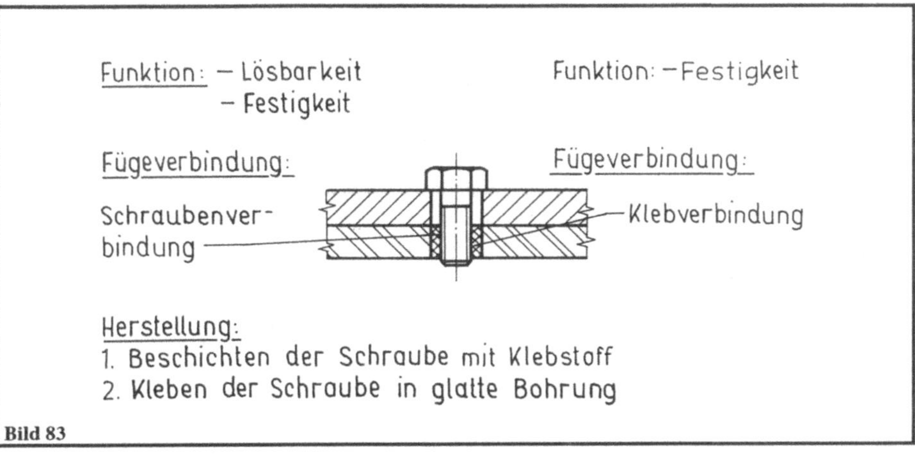


**Bild 83**

| Funktion | Vor- und Nachteile gegenüber | | Eigenschaften der KFV | Literatur |
|---|---|---|---|---|
| | Schraubenver-bindung | Klebverbindung | | |
| Lösbarkeit | = | + | + | /1-7/ |
| Festigkeit | = | = | = | /1-7/ |
| Temperaturbelastbarkeit | | | (=) | |
| Sicherheit gegen Lösen | (+) | | (+) | /2/ |
| Korrosionsbeständigkeit | | | + | |
| Dichtheit | | | + | |
| Leitfähigkeit | | | - | |
| Maßgenauigkeit | | | = | |
| Zuverlässigkeit | | | + | |
| Wirtschaftlichkeit | | | + | |

| Werkstoffe | Metalle und Nichtmetalle, vor allem mechanisch schwer bearbeit-bare Werkstoffe Klebstoffe |
|---|---|

| Gestaltung | |
|---|---|
| Bauteilform | Profil-Profil, Profil-Platte, Platte-Platte |
| Räumliche Anordnung | nacheinander |
| Verbindungsform | mittelbar |

| **Herstellung** | Beschichten der Schraube mit Klebstoff<br>Kleben der Schraube in eine glatte Bohrung |
|---|---|

| **Anwendung** | Motorenbau, Maschinenbau |
|---|---|

**Hinweise zur Funktion**

Die Festigkeit der Klebverbindung ist unabhängig vom Nenndurchmesser der Schraube (Bild 84). Bis zu einem Längen-Durchmesserverhältnis von 2,5 kann eine lineare Bruchkrafterhöhung des Klebstoffgewindes festgestellt werden (Bild 85).

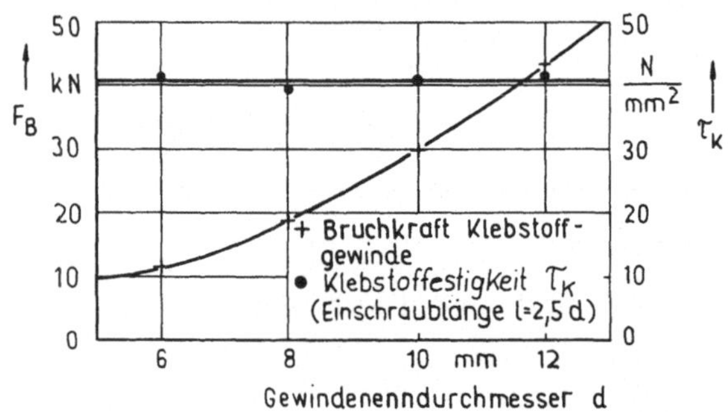


**Bild 84**   Statische Bruchkraft ($F_B$) einer Schrauben-Kleb-Verbindung mit Klebstoffgewinde in Abhängigkeit vom Gewindedurchmesser (Werte nach /2/)

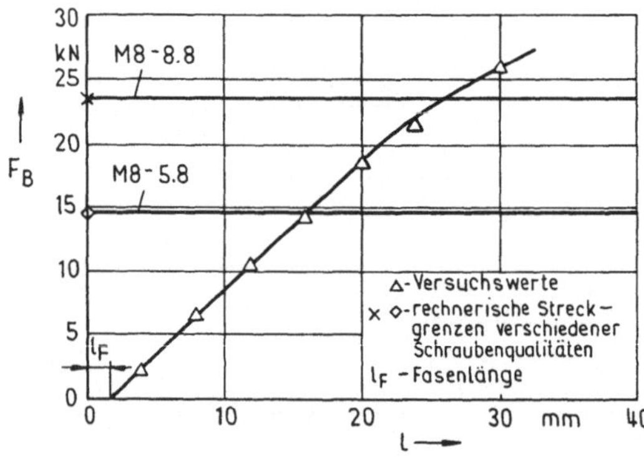


**Bild 85**   Statische Bruchkraft ($F_B$) einer Schrauben-Kleb-Verbindung mit Klebstoffgewinde in Abhängigkeit von der Einschraublänge ($l_F$) (Werte nach /2/)

Die Vorspannkräfte der Schraubenverbindung können über bestimmte Zeiträume gewährleistet werden. Trotzdem ist die Alterung und das Kriechverhalten der Klebstoffe zu beachten (Bild 86 und 87).

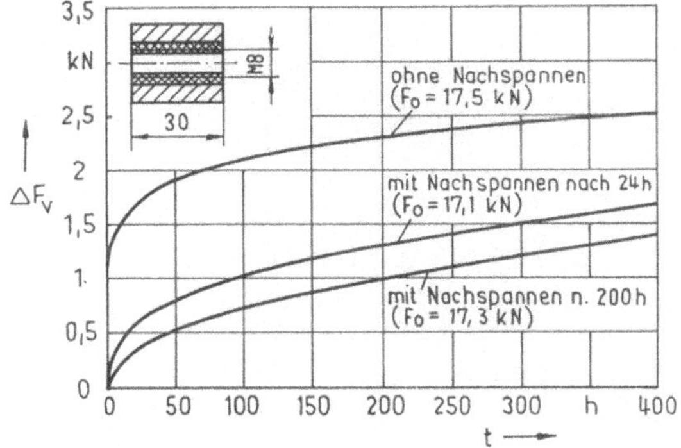


**Bild 86**  Vorspannkraftverlust ($\Delta F_V$) einer Schrauben-Kleb-Verbindung mit Klebstoffgewinde in Abhängigkeit von der Belastungszeit (t) (Werte nach /2/)

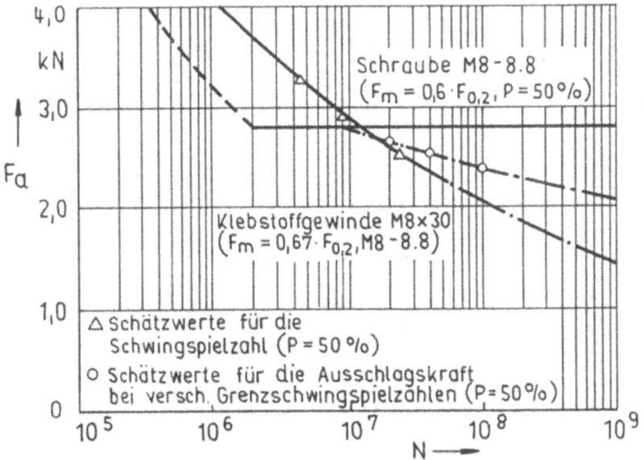


**Bild 87**  Dauerfestigkeitsverhalten einer Schrauben-Kleb-Verbindung mit Klebstoffgewinde (Werte nach /2/)

Der Gewindereibwert beim Lösen der Schraubenverbindung ist von der Vorspannkraft abhängig und kann durch entsprechende Gleitmittel verändert werden /2/.

**Hinweise zu den Werkstoffen**

Die kombinierte Schrauben-Kleb-Verbindung wurde an den in Tabelle 11 dargestellten Werkstoffen experimentell untersucht.

**Tab. 11**  Werkstoffkombinationen für Schrauben-Kleb-Verbindungen

| Grundwerkstoffe | $Al_2O_3$-Keramik | SiC-Keramik | $Si_3N_4$-Keramik | $ZrO_2$-Keramik | Stahl |
|---|---|---|---|---|---|
| Stahl | /1, 2/ | /1, 2/ | /1, 2/ | /1, 2/ | /1, 2/ |

Zusatzwerkstoffe: Epoxidharz-Klebstoffe /1 - 6/
Fügeelement: Stahlschraube, PTFE-Kunststoffschraube /2/

**Hinweise zur Gestaltung**

Das Herstellen von Außengewinden durch Klebstoffe auf einem Keramikbolzen hat untergeordnete Bedeutung. In diesem Fall wird der Schraubenbolzen auf Zug beansprucht, wobei zu beachten ist, daß die Zugfestigkeit der Keramik gering ist /2/.

**Hinweise zur Herstellung**

Zur Herstellung der Klebverbindung gibt es folgende Möglichkeiten /2/:

- Der Klebstoff wird auf das Schraubengewinde aufgetragen und die beschichtete Schraube in die Bohrung geschoben.

- Der Klebstoff wird in die Bohrung gegossen und beim Einschieben der Schraube verdrängt.

- Die Schraube wird in die Bohrung geschoben und der Klebstoff in den Spalt gespritzt.

Bei der Herstellung des Gewinde werden vorzugsweise PTFE-Schrauben mit einer sehr geringen Haftfestigkeit gegenüber dem Klebstoff verwendet.

**Literatur zu Abschnitt 7.4.1**

1.   G. Hähn: Verbindungstechnik für keramische Bauteile. Konstruktion, Berlin 38 (1986) 9, S. 359 - 363

2.   G. Hähn: Untersuchungen zur werkstoffgerechten Verbindungstechnik für keramische Bauteile. Schriftenreihe Konstruktionstechnik, TU Berlin (1988), Bd. 14

3.   W. Beitz, G. Hähn: Technische Keramik - Werkstoffgerechtes Gestalten und Verbinden. VDI-Berichte, Düsseldorf (1988), Bd. 670, S. 109 - 128

4.   G. Hähn: Bauteilverbinden mit Klebstoff-Formelementen - Gestaltung und Tragfähigkeit von Schrauben- und Welle-Nabe-Verbindungen. Konstruktion, Berlin 41 (1989) 8, S. 250 - 254

5.   Verfahren zur Herstellung lösbarer Verbindungen /Schrauben-, formschlüssige Welle-Nabe- und linienhafte Formschlußverbindungen durch Formelemente aus Klebstoff. Erfindungsbeschreibung DE 3519679, IPK F 16 B, 11/00

6.   W. Beitz, G. v.Esenbeck: Keramikgerechte Verbindungstechnik mit Hilfe von Klebstoff-Formelementen. VDI-Berichte, Düsseldorf Bd. 883 (1991), S. 137 - 156

7.   G. Hähn, K-H. Grote: Herstellung und Anwendung von Schraubenverbindungen mit Klebstoffgewinde - insbesondere zur Verbindung von Keramikteilen. VDI-Berichte. Düsseldorf, Bd. 766 (1988), S. 259 - 278

## 7.5 Schraubenverbindungen zur Realisierung der Sicherheit gegen unbeabsichtigtes Lösen

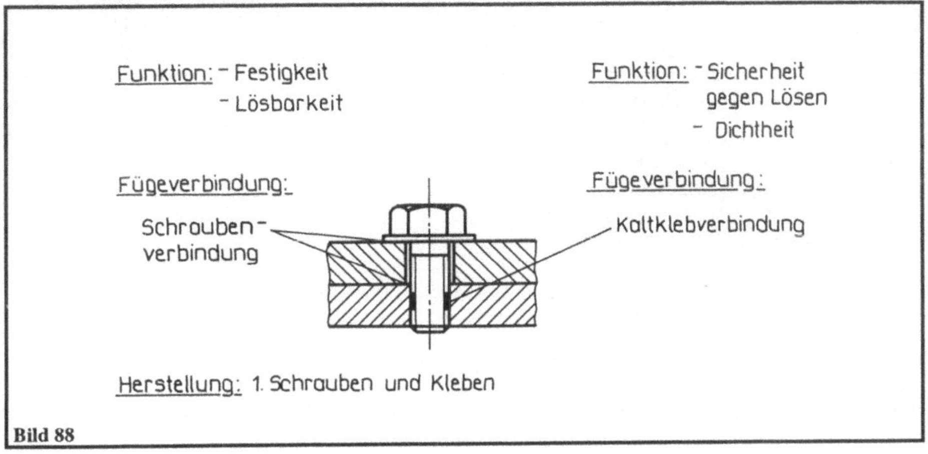


**Bild 88**

| Funktion | Vor- und Nachteile gegenüber | | Eigenschaften der KFV | Literatur |
|---|---|---|---|---|
| | Schraubenver-bindung | Klebverbindung | | |
| Lösbarkeit | - | | = | /1-14/ |
| Festigkeit | = (+) | | + | /1-14/ |
| Temperaturbelastbarkeit | = | | (+) | /11/ |
| Sicherheit gegen Lösen | + | | + | /1-14/ |
| Korrosionsbeständigkeit | + | | +[1] | /1/ |
| Dichtheit | + | | +[1] | /6- 7/ |
| Leitfähigkeit | | | - | |
| Maßgenauigkeit | | | + | |
| Zuverlässigkeit | | | + | |
| Wirtschaftlichkeit | | | + | /7/ |

[1] nur bei Rundumbeschichtung

| Werkstoffe | Metalle und Nichtmetalle<br>Klebstoffe mikroverkapselt oder als Flüssigklebstoff |
|---|---|

| Gestaltung | |
|---|---|
| Bauteilform | Profil-Profil, Profil-Platte, Platte-Platte |
| Räumliche Anordnung | ineinander, nebeneinander |
| Verbindungsform | mittelbar, unmittelbar |

| **Herstellung** | bei Verwendung mikroverkapselten Klebstoff: Schrauben<br>bei Verwendung von Flüssigklebstoff: Auftragen des Klebstoffes<br>Schrauben |
|---|---|

| **Anwendung** | Fahrzeugbau, Maschinenbau, Luft- und Raumfahrt, Apparatebau, |
|---|---|

## Hinweise zur Funktion

Diese kombinierte Fügeverbindung wird vor allem dort verwendet, wo die Sicherheit gegen unbeabsichtigtes Lösen durch die Schraubenverbindung allein nicht gegeben ist, mechanische Schraubensicherungen versagen oder Dichtheit bzw. Korrosionsbeständigkeit gefordert sind. Die Klebverbindung verhindert eine Relativbewegung zwischen Bolzen und Muttergewinde, so daß die inneren Losdrehmomente nicht wirksam werden können /3/. Eine Mehrfachverwendung der Schraube mit mikroverkapselten Klebstoff ist nicht möglich /1, 2/. Bei Wiederverwendung der Schraube empfiehlt es sich, einen Flüssigklebstoff zu verwenden /11/.

Zur Beurteilung des Löseverhaltens der kombinierten Schrauben-Kleb-Verbindung muß zwischen einer Belastung mit Vorspannung und einer Belastung ohne Vorspannung unterschieden werden (Bild 89). Das Losbrechmoment wird im statischen Versuch ermittelt und beträgt 1,0 bis 1,3 des Anzugsmomentes. Schon bei einer annähernden Gleichheit von Anzugsmoment und Losbrechmoment ist die volle dynamische Sicherungswirkung vorhanden. Zusätzlich zur "Sicherheit gegen Lösen" wirkt die Klebverbindung bei einem eingetretenen Lösen noch als Verliersicherung.

Bei der Verwendung von Flüssigklebstoffen muß auf die unterschiedlichen Gewindereibwerte geachtet werden, da dadurch bei gleichem Anzugsmoment sehr unterschiedliche Klemmkräfte entstehen können (Tabelle 12) /5/.

**Tab. 12**   Vergleich verschiedener Schrauben-Kleb-Verbindung hinsichtlich der Klemmkräfte und Gewindereibwerte (Werte nach /5/)

| | elementare Schraubenverbindung | Schraubenverbindung mit | |
|---|---|---|---|
| | | Klebstoff 1 | Klebstoff 2 |
| Anzugsmoment /Nm/ | 85 | 85 | 85 |
| Klemmkraft /kN/ | 33,5 | 26,0 | 47,0 |
| Gewindereibwert | 0,17 | 0,26 | 0,11 |

Die Einsatztemperatur der Schrauben-Kleb-Verbindung liegt nach /11/ zwischen -55 °C und +150 °C /11/ oder nach /12/ zwischen -80 °C und +150 °C. Bei höheren Temperaturen ist mit einer Verkleinerung der Losbrechmomente zu rechnen. Am Beispiel einer handelsüblichen Schraube ist dieser Verlust in Bild 90 dargestellt.

Der Vorspannkraftverlust der Schrauben-Kleb-Verbindung ist in Bild 91 dargestellt.

Bei Rohrverbindungen wird durch die Schrauben-Kleb-Verbindung noch zusätzlich die Funktion "Dichtheit" erfüllt (Bild 92). Dabei wird nach /1/ gegenüber den in Tabelle 13 angegebenen Medien bei den vorgegebenen Prüftemperaturen die Korrosionsbeständigkeit gewährleistet. Voraussetzung ist, daß die Klebverbindung über den gesamten Umfang der Schraubenverbindung wirkt. Klebstoffe besitzen gegenüber den meisten Chemikalien eine sehr gute Beständigkeit /9/.

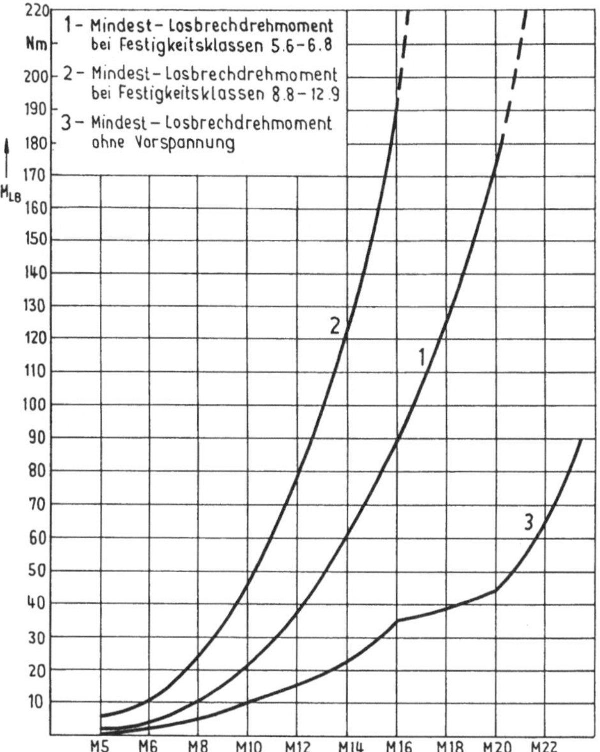



**Bild 89**    Mindest-Losbrechmomente ($M_{LB}$) von kombinierten Schrauben-Kleb-Verbindungen mit und ohne Vorspannung (Werte nach /1/)

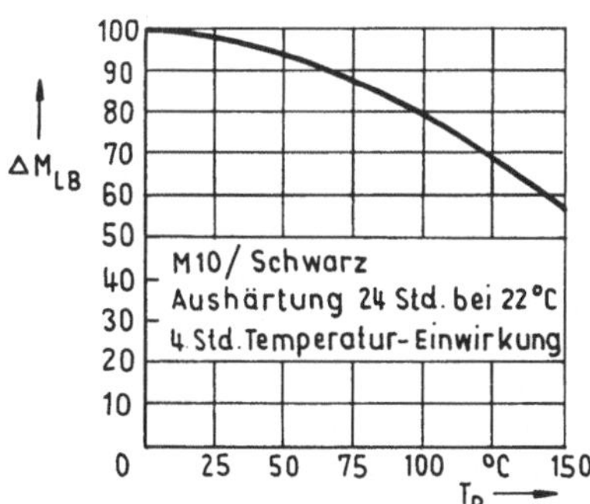



**Bild 90**    Abhängigkeit des Losbrechmomentes ($\Delta M_{LB}$) von der Einsatztemperatur

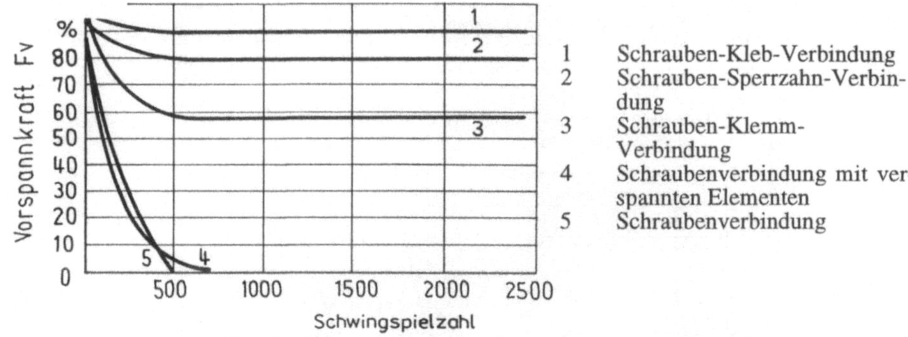


**Bild 91**    Vorspannkraftverlust von Schraubenverbindungen mit verschiedenen Sicherungselementen ( Werte nach /9/ )

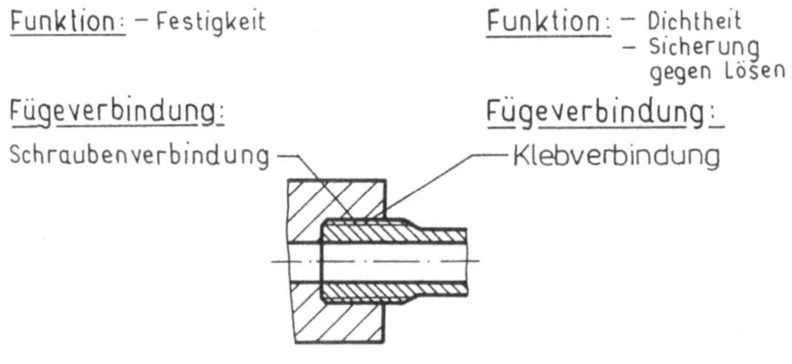


**Bild 92**    Schrauben-Kleb-Verbindungen an Rohren

**Tab. 13**    Korrosionsprüfung von kombinierten Schrauben-Kleb-Verbindungen gegenüber unterschiedlichen Medien

| Medium | Prüftemperatur |
|---|---|
| Öl, Schmiermittel, Hydrauliköl | 120 °C |
| Treibstoffe | Raumtemperatur |
| Kühlmittel, Wasser, Glycol | 90 °C |
| Bremsflüssigkeit | 90 °C |

**Hinweise zu den Werkstoffen**

Besonders geeignet ist diese kombinierte Fügeverbindung für Stahlwerkstoffe mit gehärteten Oberflächen, da nach /3/ in diesen Fällen andere sperrende Sicherungselemente nicht anwendbar sind. Der Klebstoff kann mikroverkapselt auf der Schraube oder als Flüssigklebstoff vorliegen. Schrauben mit mikroverkapselten Klebstoff sind Kaufteile oder können im Lohnauftrag beschichtet werden. Als Flüssigklebstoffe werden vor allem anaerob aushärtende Klebstoffe oder Epoxidharze verwendet. Die verwendeten Klebstoffe werden nach /9/ in die Gruppen

- niedrigfest (9 - 21 Nm),
- mittelfest (13 - 38 Nm) und
- hochfest (15 - 55 Nm)

eingeteilt. Die Auswahl des Klebstoffes soll nach den konkreten Anforderungen erfolgen. Dabei ist nach der Rangfolge der Funktionen " Sicherheit gegen Lösen" und "Dichtheit" zu unterscheiden.

**Hinweise zur Gestaltung**

Bei Festigkeitsklassen unter 8.8 und Einschraublängen größer als der Gewindedurchmesser kann die Lösbarkeit nicht in jedem Fall sichergestellt werden /1/.

**Hinweise zur Herstellung**

An das Muttergewinde werden keine besonderen Anforderungen gestellt. Nur die Anwendung von Silikonen, Molybdändisulfid und ähnlichen Trennmitteln führt zu einer Festigkeitsverminderung der Klebverbindung. Die Demontage dieser kombinierten Schrauben-Kleb-Verbindung wird bei Temperaturen um 130 ° C erleichtert /4/.

Die Aushärtezeit richtet sich nach den verwendeten Klebstoffen und dem Zustand der Fügeflächen. Die Festigkeit für die weitere Bearbeitung ist bei Raumtemperatur und beispielsweise bei den Klebstoffen Loctite-DriLoc und 3M nach 30 min, 50 % der Festigkeit nach 4 Stunden und die volle Belastbarkeit nach 24 Stunden erreichbar /11, 12/.

Die Zuführung von Schrauben mit mikroverkapselten Klebstoff kann automatisiert realisiert werden.

Gegenüber mechanischen Sicherungselementen hat diese kombinierte Fügeverbindung folgende Vorteile:

- geringerer Aufwand bei der Herstellung, da keine zusätzlichen Sicherungselemente gehandhabt werden müssen,

- keine durchmesserabhängigen Sicherungselemente und damit vereinfachte Lagerhaltung,

- gleichzeitige Erfüllung der Funktionen "Sicherheit gegen Lösen" und "Dichtheit" ist möglich, womit vielfach Durchgangsbohrungen angewendet werden können.

**Hinweise zu weiteren Kombinationsmöglichkeiten**

Die Anforderungen "Festigkeit" und "Sicherheit gegen Lösen" können durch folgende Kombinationen erfüllt werden:

- Schrauben-Klemm-Verbindung (1)
- Schrauben-Flächenschluß-Verbindung (1)
- Schrauben-Schmelzschweiß-Verbindung (1)
- Schrauben-Schmelzlöt-Verbindung (1)
- Schrauben-Kerb-Verbindung (1)
- Schrauben-Niet-Verbindung (1)
- Schrauben-Aufweit-Verbindung (1)
- Schrauben-Preß-Verbindung (1)
- Schrauben-Preß-Preßlöt-Verbindung (1)
- Schrauben-Linienschluß-Verbindung (1)

Die Anforderung "Dichtheit" kann bei Schraubenverbindungen durch folgende Kombinationen erfüllt werden:

- Schrauben-Preßlöt-Flächenschluß-Verbindung (2)
- Schrauben-Linienschluß-Verbindung (1)
- Schrauben-Preßlöt-Verbindung (1)
- Schrauben-Schmelzlöt-Querpreß-Verbindung (1)
- Schrauben-Flächenschluß-Verbindung (1)
- Schrauben-Klemm-Verbindung (1)
- Schrauben-Querpreß-Verbindung (1)
- Schrauben-Preßlöt-Querpreß-Verbindung (1)
- Schrauben-Schmelzschweiß-Verbindung (1)

**Literatur zu Abschnitt 7.5.1**


1.  DIN 267 / 27: Mechanische Verbindungselemente. Schrauben aus Stahl mit klebender Beschichtung. Technische Lieferbedingungen. 03/90

2.  F. Klarner: Klebende und klemmende Sicherungsmethoden - vorbehandelte Schrauben. Industrieanzeiger, Essen 95 (1983) 83, S. 24-25

3.  H. Wiegand, K.H. Kloos, W. Tomala: Schraubenverbindungen. Springer-Verlag Berlin, Heidelberg 1988

4.  G. Krüger: Demontage von Schraub-Klebverbindungen bei höheren Temperaturen. Schweißtechnik, Berlin 36 (1986) 8, S. 351 - 352

5.  A. Hertnek: Klebstoffe beeinflussen die Gewindereibwerte. Technische Rundschau, Bern 78 (1986) 1,2, S. 30 - 31

6.  W. Endlich: Klebsicherung von Befestigungsgewinden. verbindungstechnik, Mainz 14 (1982) 6, S. 41 - 45

7.  D. Drahtmüller, F. Löhr: Anaerobe Stoffe zum Sichern und Dichten eignen sich für größere Temperaturbereiche. Maschinenmarkt, Würzburg 96 (1990) 23, S. 106 - 110

8.  W. Endlich: Nutzung des Mikroverkapslungsverfahrens bei neuartigen Klebstoff- und Dichtstoff-Formulierungen. Adhäsion, Berlin 25 (1981) 2, S. 116 - 121

9.  Der Loctide. Loctide-Deutschland-GmbH, München 1992

10. F. Kuhn-Weiss: Sind Klebsicherungen eine Alternative oder nur eine Variante unwirksamer Schraubensicherungen. verbindungstechnik, Mainz 11 (1979) 11, S. 21 - 22

11. Prospekt: Schraubensicherung, Gewindedichtung. Druckschrift Nr. 60. Kerb-Konus-Vertriebs-GmbH, Amberg 1991

12. Prospekt Schraubensicherung, Gewindedichtung. GESI-Gewindesicherungs-GmbH, Altenbach (Esslingen/Neckar) 1991

13. D. Strelow: Sicherung für Schraubenverbindungen. Merkblatt 302, Beratungsstelle für Stahlverwendung,. Düsseldorf 1983

14. Automatisches Schrauben - ICS Handbuch. Mönnig Verlag, Iserlohn 1993

## 7.5.2 Schrauben-Klemm-Verbindung

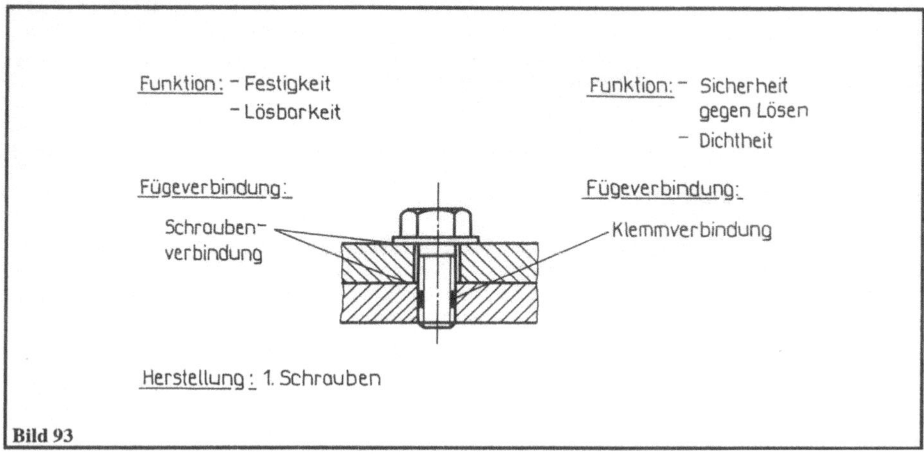


**Bild 93**

| Funktion | Vor- und Nachteile gegenüber | | Eigenschaften der KFV | Literatur |
|---|---|---|---|---|
| | Schraubenver-bindung | Klemmverbin-dung | | |
| Lösbarkeit | - | | - | /1-5/ |
| Festigkeit | = | | + | /1-5/ |
| Temperaturbelastbarkeit | = | | = | /6/ |
| Sicherheit gegen Lösen | + | | + | /1-5/ |
| Korrosionsbeständigkeit | | | $+^{1)}$ | |
| Dichtheit | + | | $+^{1)}$ | /2/ |
| Leitfähigkeit | | | - | |
| Maßgenauigkeit | | | + | |
| Zuverlässigkeit | | | + | |
| Wirtschaftlichkeit | | | + | |

$^{1)}$ nur bei Rundumbeschichtung

| Werkstoffe | Metalle und Nichtmetalle<br>Metallschraube bzw. -mutter mit Kunststoffbeschichtung |
|---|---|

| Gestaltung | |
|---|---|
| Bauteilform | Profil-Profil, Profil-Platte, Platte-Platte |
| Räumliche Anordnung | ineinander |
| Verbindungsform | mittelbar |

| **Herstellung** | Schrauben |
|---|---|

| **Anwendung** | Fahrzeugbau, Maschinenbau, Luft- und Raumfahrt, Gerätebau, Elektrotechnik, Feinwerktechnik, Schraubensicherung |
|---|---|

**Hinweise zur Funktion**

Die Kraftschlußverbindung wird vorzugsweise zur Sicherung gegen Lösen verwendet. Durch die Klemmverbindung kann das Losdrehen der Schraubenverbindung nicht in jedem Fall verhindert werden, aber ein vollständiges Lösen tritt nicht auf (Verliersicherung). Die mindestens erreichbaren Ausschraubmomente (Drehmoment, zum Ausschrauben nach dem Losdrehen) sind in Bild 94 dargestellt.

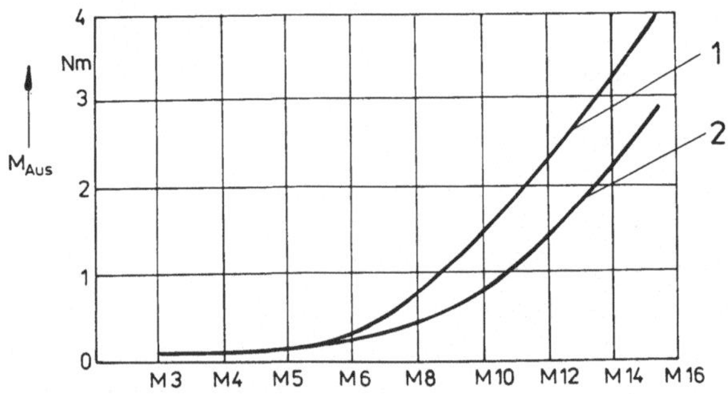


**Bild 94**   Mindest-Ausschraubdrehmomente ($M_{Aus}$) von Schrauben-Klemm-Verbindungen (Werte nach /1/)

Die Kunststoffbeschichtung auf dem Gewinde wird beim Einschrauben zusammengepreßt und erzeugt eine hohe Flächenpressung zwischen den gegenüberliegenden Gewindeflanken, wodurch der Reibwert des Gewindes erhöht wird /2/. Der Vorspannkraftverlust dieser Schrauben-Klemm-Verbindung ist bedeutend geringer als der von elementaren Schraubenverbindungen (Bild 95).

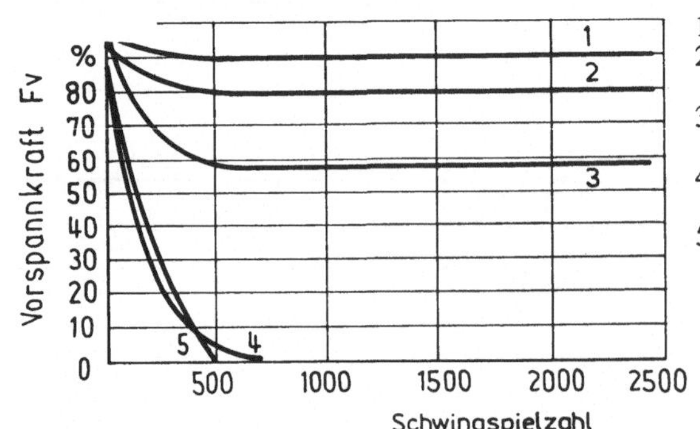


**Bild 95**   Vorspannkraftverlust von Schraubenverbindungen mit verschiedenen Sicherungselementen (Werte nach /2, 3/)

Der Einsatz der Schrauben-Klemm-Verbindung ist in einem Temperaturbereich von - 56 °C bis +120 °C (nach einem Test bis +150 °C) möglich /6/. Eine Beständigkeit gegenüber Alkohol, Benzin, Öl und den meisten Lösungsmitteln ist gegeben /6/.

Die Funktion "Dichtheit gegenüber Flüssigkeiten- und Gasen" kann bei einer Rundumbeschichtung erfüllt werden /2/. Die Anwendung dieser Schrauben-Klemm-Verbindung in Lebensmittelbetrieben ist zugelassen /6/.

**Hinweise zur Herstellung**

Schrauben mit einer klemmenden Beschichtung sind als Fügeelemente nur für eine einmalige Verwendung vorgesehen. Nur als Stell- und Justierschrauben dürfen sie mehrfach verwendet werden /1/. In /5, 6/ wird die Möglichkeit einer Mehrfachnutzung angegeben. Nach dem Herstellen der Schraubenverbindung ist diese kombinierte Fügeverbindung sofort voll belastbar /5, 6/. Beim Einschrauben von Schrauben mit klemmender Beschichtung sind höhere Einschraubmomente als bei anderen Schrauben notwendig (Bild 96).

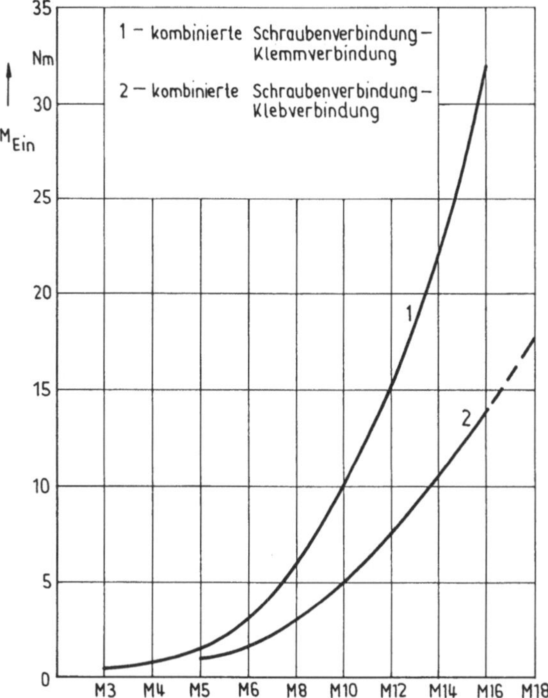


**Bild 96**   Maximale Einschraubmomente ($M_{Ein}$) verschiedener Schraubenverbindungen (Werte nach /1/)

**Hinweise zur Gestaltung**

Kombinierte Schrauben-Klemm-Verbindungen sind dort vorteilhaft anzuwenden, wo querbelastete Fügeverbindungen vorliegen und eine Restvorspannkraft zu gewährleisten ist /5/. Es sind sowohl beschichtete Schrauben (ab M2 bis M24) als auch Muttern (M5 bis M12) im Angebot.

**Hinweise zu weiteren Kombinationsmöglichkeiten**

Die Anforderungen "Festigkeit" und "Sicherheit gegen Lösen" können außerdem auch durch folgende Kombinationen erfüllt werden.

- Schrauben-Kleb-Verbindung (2)
- Schrauben-Flächenschluß-Verbindung (1)
- Schrauben-Schmelzschweiß-Verbindung (1)
- Schrauben-Schmelzlöt-Verbindung (1)
- Schrauben-Kerb-Verbindung (1)
- Schrauben-Niet-Verbindung (1)
- Schrauben-Aufweit-Verbindung (1)
- Schrauben-Preß-Verbindung (1)
- Schrauben-Preß-Preßlöt-Verbindung (1)
- Schrauben-Klemm-Verbindung (1)
- Schrauben-Linienschluß-Verbindung (2)

Die Anforderung "Dichtheit" kann bei Schraubenverbindungen durch folgende Kombinationen erfüllt werden:

- Schrauben-Preßlöt-Flächenschluß-Verbindung (2)
- Schrauben-Linienschluß-Verbindung (1)
- Schrauben-Preßlöt-Verbindung (1)
- Schrauben-Schmelzlöt-Querpreß-Verbindung (1)
- Schrauben-Flächenschluß-Verbindung (1)
- Schrauben-Klemm-Verbindung (1)
- Schrauben-Querpreß-Verbindung (1)
- Schrauben-Preßlöt-Querpreß-Verbindung (1)
- Schrauben-Schmelzschweiß-Verbindung (1)

**Literatur zu Abschnitt 7.5.2**


1.  DIN 267 / 28: Mechanische Verbindungselemente. Schrauben aus Stahl mit klemmender Beschichtung 03/90

2.  F. Klarner: Klebende und klemmende Sicherungsmethoden. Industrieanzeiger, Essen 95 (1983) 88, S. 24 - 25

3.  Der Loctite. Loctite-Deutschland-GmbH, München 1988

4.  Schraubensicherung aus Polyester erspart Montagezeiten. Drahtwelt, Düsseldorf 68 (1982) 5, S. 139

5.  W. Endlich: Klebsicherung von Befestigungsgewinden. verbindungstechnik, Mainz 14 (1982) 6, S. 41 - 45

6.  Prospekt Schraubensicherung, Gewindedichtung. Druckschrift 60. Kerb-Konus-Vertriebs-GmbH. Amberg 1991

7.  Prospekt Schraubensicherung, Gewindedichtung. GESI-Gewindesicherungs-GmbH. Allbach (Esslingen/Neckar) 1991

## 7.5.3  Schrauben-Klemm-Verbindung

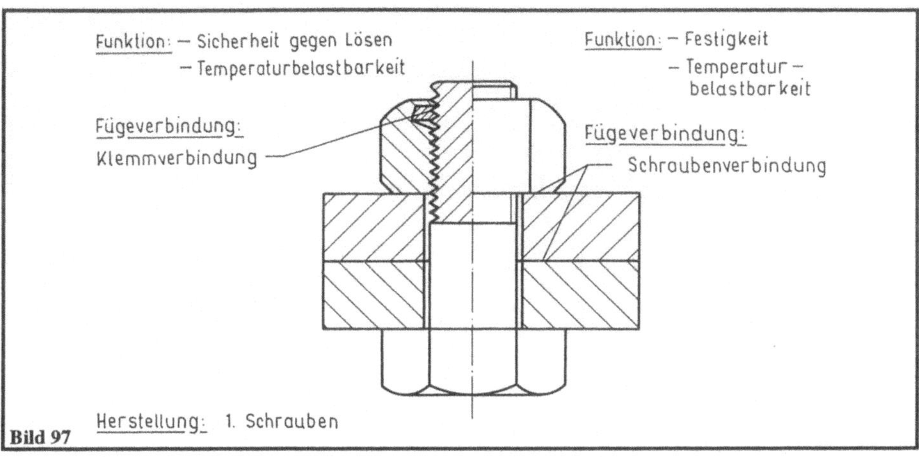


| Funktion | Vor- und Nachteile gegenüber | | Eigenschaften der KFV | Literatur |
|---|---|---|---|---|
|  | Schraubenver-bindung | Klemmverbin-dung |  |  |
| Lösbarkeit | + |  | + | /1-8/ |
| Festigkeit | = |  | = | /1-8/ |
| Temperaturbelastbarkeit | + |  | + | /1-8/ |
| Sicherheit gegen Lösen | + |  | + | /1-8/ |
| Korrosionsbeständigkeit | + |  | + | /1-8/ |
| Dichtheit |  |  | - |  |
| Leitfähigkeit |  |  | = |  |
| Maßgenauigkeit |  |  | = |  |
| Zuverlässigkeit | + |  | + | /1-8/ |
| Wirtschaftlichkeit | + |  | + | /1-8/ |

| Werkstoffe | Metalle, Nichtmetalle<br>Fügeelement: Ganzstahlsicherungsmutter |
|---|---|

| Gestaltung | |
|---|---|
| Bauteilform | Profil-Profil, Profil-Platte, Platte-Platte |
| Räumliche Anordnung | nacheinander |
| Verbindungsform | mittelbar |

| **Herstellung** | Schrauben - bei entsprechender Beschichtung der Mutter sind zum Einschrauben keine Schmierstoffe notwendig |
|---|---|

| **Anwendung** | Maschinenbau, Schienenfahrzeugbau, Automobilbau, Fördertechnik, Kraftwerksanlagenbau |
|---|---|

**Hinweise zur Funktion**

Die Tragfähigkeit der Schrauben-Klemm-Verbindung wird durch die Festigkeitseigenschaften der Schraubenverbindung bestimmt. Entsprechend der verwendeten Schrauben und Muttern können Verbindungen in den Festigkeitsklassen 8, 10 und 12 hergestellt werden. Durch die Klemmverbindung wird das ungewollte Lösen der Schraubenverbindung stark verringert. Die Klemmverbindung wird durch ein steigungsversetztes, aber normgerechtes Gewinde des Ringes erreicht. Über die unterschiedliche Steigung der beiden Gewinde kann die Klemmkraft eingestellt werden. Der Vorspannkraftverlust bei dynamischer Belastung ist kleiner als 25 % (Bild 98).

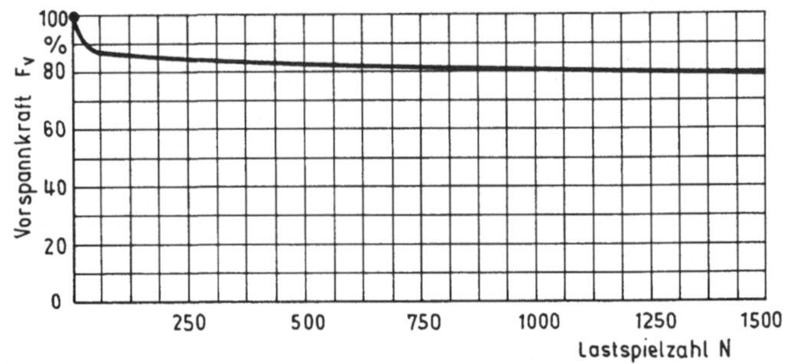


**Bild 98**     Vorspannkraftverlust einer Schrauben-Klemm-Verbindung mit Ganzstahlsicherungsmutter /3/

Diese kombinierte Schraubenverbindung ist bis zu einer Temperatur von 700 °C einsetzbar. Durch eine spezielle Oberflächenbehandlung der Mutter (QPQ-Beschichtung /3/) ist auch bei diesen Einsatztemperaturen eine sehr gute Lösbarkeit gegeben. Die Beschichtung wirkt sich ebenfalls positiv auf das Korrosionsverhalten dieser kombinierten Fügeverbindung aus. Die Wiederverwendbarkeit der Mutter ist möglich, da das Klemmoment nach mehrfachem Lösen weniger als in DIN 267 zugelassen abfällt (Bild 99).

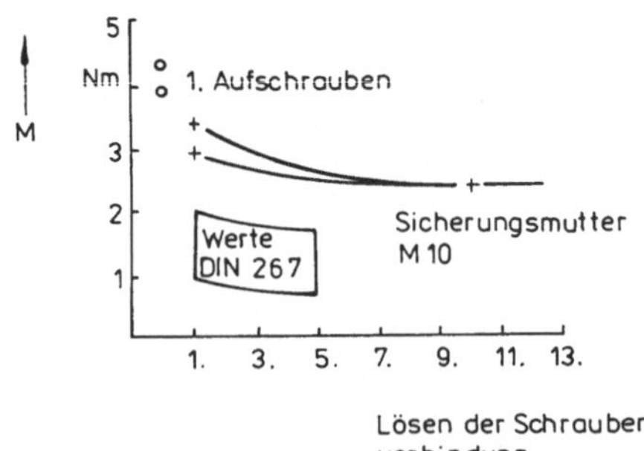


**Bild 99**     Klemmoment  (M)  der  Schrauben-Klemm-Verbindung  in  Abhängigkeit von
der           Anzahl der Lösevorgänge /3/

**Hinweise zu den Werkstoffen**

Entsprechend dem Werkstoffeinsatz und der Behandlung der Mutter können die Festigkeitsklassen 8, 10 und 12 erreicht werden. Die Verwendung von rostfreien Stahl (z. B. Edelstahl 1.4301, 1.4305, 1.4401 oder 1.4571) zur Herstellung der Ganzstahlsicherungsmutter ist möglich. Bei thermischer Belastung der Fügeelemente über 300 °C werden die warmfesten Stähle 21CrMoV57, 42CrMo5 (bis 700 °C oder X20CrMoV121 (bis 1000 °C) entsprechend dem Belastungsfall eingesetzt /2/.

**Hinweise zur Gestaltung**

Die Ganzstahlsicherungsmuttern stehen als Sechskant-, Flansch- oder Bundmuttern in den Abmessungen von M6 bis M64 zur Verfügung /4/.

**Hinweise zu weiteren Kombinationsmöglichkeiten**

Die Anforderungen "Festigkeit" und "Sicherheit gegen Lösen" können  durch folgende weiteren Kombinationen erfüllt werden:

- Schrauben-Klemm-Verbindung (1)
- Schrauben-Schmelzschweiß-Verbindung (1)
- Schrauben-Schmelzlöt-Verbindung (1)
- Schrauben-Kerb-Verbindung (1)
- Schrauben-Niet-Verbindung (1)
- Schrauben-Aufweit-Verbindung (1)
- Schrauben-Linienschluß-Verbindung (1)
- Schrauben-Kleb-Verbindung (2)
- Schrauben-Preß-Verbindung (1)
- Schrauben- Preß-Preßlöt-Verbindung (1)

**Literatur zu Abschnitt 7.5.3**


1. Z. Markovic: Sicherungsmutter / Integrierter Stahl-Federring. Handelsblatt, Düsseldorf (1988) 167, S. 15

2. R. Kreis: Verschraubungstechnik / Technische Linie. Handelsblatt, Düsseldorf (1988) 182, S. 33

3. Prospekt: FS-Ganzstahl-Sicherungsmutter.Flaig & Hommel GmbH + Co.KG, Aldingen

4. FS-Ganzstahl-Sicherungsmutter. Konstruktion, Berlin 41 (1989) 3, S. A59

5. DIN 980: Sechskantmutter mit Klemmteil, Ganzstahlmuttern 05.87

6. DIN 982: Scheskantmuttern mit Klemmteil mit nichtmetallischem Einsatz hoher Form. 05.87

7. DIN 6925: Sechskantmuttern mit Klemmteil, Ganzstahlmuttern 07.83

8. DIN 6927: Sechskantmuttern mit Flansch mit Klemmteil, Ganzstahlmuttern 11.83

## 7.5.4  Schrauben-Flächenschluß-Verbindung

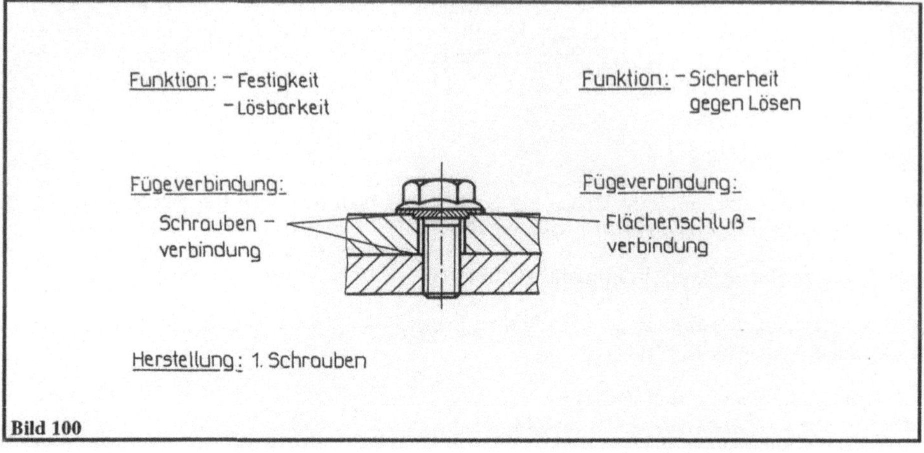


**Bild 100**

| Funktion | Vor- und Nachteile gegenüber | | Eigenschaften der KFV | Literatur |
|---|---|---|---|---|
| | Schraubenver-<br>bindung | Flächenschluß-<br>verbindung | | |
| Lösbarkeit | | | + | |
| Festigkeit | = | | = | /1-5/ |
| Temperaturbelastbarkeit | = | | = | /1-5/ |
| Sicherheit gegen Lösen | + | | + | /1-5/ |
| Korrosionsbeständigkeit | | | = | |
| Dichtheit | | | = | |
| Leitfähigkeit | | | + | |
| Maßgenauigkeit | | | + | |
| Zuverlässigkeit | + | | + | /1-5/ |
| Wirtschaftlichkeit | | | = | |

| Werkstoffe | Metalle<br>Voraussetzung: Die Härte der Schraube muß größer als die der verspannten Werkstücke sein. |
|---|---|

| Gestaltung | |
|---|---|
| Bauteilform | Profil-Profil, Profil-Platte, Platte-Platte |
| Räumliche Anordnung | nebeneinander |
| Verbindungsform | mittelbar |

| **Herstellung** | Schrauben |
|---|---|

| **Anwendung** | Maschinenbau, Fahrzeugbau, Schraubensicherung, Losdrehsicherung |
|---|---|

**Hinweise zur Funktion**

Durch die Verzahnung an der Kopfunterseite kann das innere Losdrehmoment aufgenommen werden. Bei der Gestaltung der Zahnform ist darauf zu achten, daß die Sicherungswirkung gewährleistet wird. Dabei dürfen aber nicht die Kopfreibung unzulässig vergrößert und die Bauteiloberfläche zerstört werden. Ein Losdrehen der Schraube wird vermieden, solange die Festigkeit der Schraube über der der Bauteile liegt /3/. Der Vorspannkraftverlust bei dynamischer Belastung beträgt ca. 20 % (siehe Bild 91 in Abs. 7.5.1). Sperrzahnschrauben und -muttern werden bei folgenden Anforderungen verwendet /2, 5/:

- großen Querkräften
- kurzen Schrauben
- Temperaturen bis 400 °C

**Hinweise zu den Werkstoffen**

Sperrzahnschrauben und -muttern werden standardmäßig in den Festigkeitsklassen 8 bis 12 hergestellt /3, 5/, um die Forderung nach einer höheren Festigkeit der Schraube gegenüber den Fügeteilen zu erfüllen. Es gibt die Ausführungsformen einsatzgehärtete Schraube (40 HRC) und vergütete Schraube (ca. 300 HB).

**Hinweise zur Gestaltung**

Der Flächenschluß wird über unterschiedlich gestaltete Zähne realisiert. Folgende Ausführungsformen sind möglich:

- Sägezahnform
- Zähne mit bogenförmiger Gestalt
- Zähne mit kerbspannungsgeminderter Gestalt
- Keilförmige Zähne
- Rippen

**Hinweise zu weiteren Kombinationsmöglichkeiten**

Die Anforderungen "Festigkeit" und "Sicherheit gegen Lösen" können durch folgende weiteren Kombinationen erfüllt werden:

- Schrauben-Klemm-Verbindung (1)
- Schrauben-Schmelzschweiß-Verbindung (1)
- Schrauben-Schmelzlöt-Verbindung (1)
- Schrauben-Kerb-Verbindung (1)
- Schrauben-Niet-Verbindung (1)
- Schrauben-Aufweit-Verbindung (1)
- Schrauben-Linienschluß-Verbindung (1)
- Schrauben-Kleb-Verbindung (2)
- Schrauben-Preß-Verbindung (1)
- Schrauben-Preß-Preßlöt-Verbindung (1)

**Literatur zu Abschnitt 7.5.4**

1. D. Strelow: Sicherungen für Schraubenverbindungen. Merkblatt 302, Beratungsstelle für Stahlverwendung. Düsseldorf 1983

2. H. Pfaff: Schrauben für besondere Anwendungsfälle. RIBE-Produktinformation, Schwabach

3. Prospekt RIBE-sperrform. Richard Bergner GmbH + Co, Schwabach 1990

4. W. Thomala: Zum selbständigen Lösen und Sichern von Schraubenverbindungen. RIBE-Blauhefte der Schraubenliteratur Nr. 20, Schwabach

5. Automatisches Schrauben - ICS Handbuch. Mönnig Verlag Iserlohn, 1993

## 7.6   Kombinationen mit Schraubenverbindungen zur Realisierung der elektrischen Übertragungsfähigkeit

### 7.6.1   Schrauben-Preßlöt-Verbindung

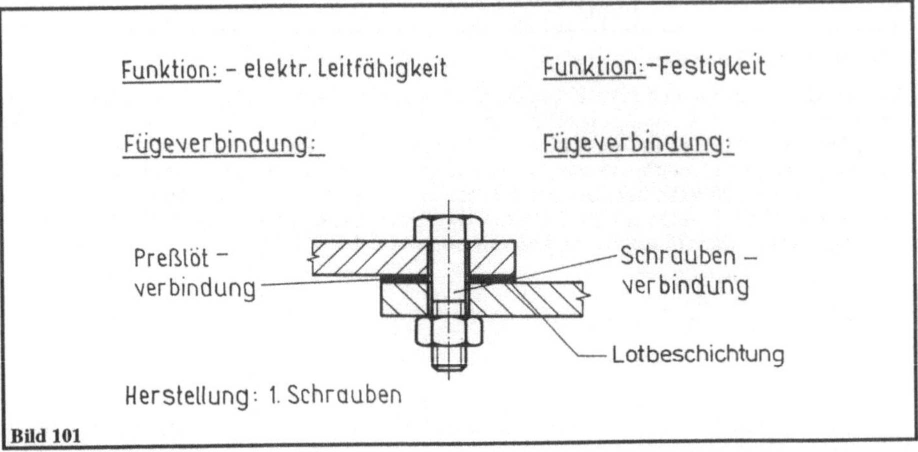


**Bild 101**

| Funktion | Vor- und Nachteile gegenüber | | Eigenschaften der KFV | Literatur |
|---|---|---|---|---|
| | Schraubenver-bindung | Preßlötverbin-dung | | |
| Lösbarkeit | = | | = | /1/ |
| Festigkeit | = | | + | /1, 2/ |
| Temperaturbelastbarkeit | | | + | |
| Sicherheit gegen Lösen | | | + | |
| Korrosionsbeständigkeit | | | (+) | |
| Dichtheit | | | + | |
| Leitfähigkeit | + | | + | /1, 2/ |
| Maßgenauigkeit | | | | |
| Zuverlässigkeit | | | + | |
| Wirtschaftlichkeit | | | (+) | |

| Werkstoffe | Metalle, die vorzugsweise elektrisch leitfähig sind, z. B. Kupfer gut plastisch verformbare Metallschicht, z. B. Weichlote Metallschrauben |
|---|---|

| Gestaltung | |
|---|---|
| Bauteilform | Platte-Platte, Profil-Profil, Profil-Platte |
| Räumliche Anordnung | ineinander |
| Verbindungsform | mittelbar |

| Herstellung | Beschichten von mindestens einer Fügefläche<br>Schrauben |
|---|---|

| Anwendung | Elektrotechnik, Anlagenbau |
|---|---|

**Hinweise zur Funktion**

Die Übergangswiderstände zwischen den Bauteilen werden mit steigendem Schraubenanzugs-
moment kleiner (Bild 102). Durch die Kombination dieser zwei Fügeverbindungen kann bei
gleichem Anzugsmoment der Schraube ein um eine Zehnerpotenz kleinerer Übergangswider-
stand erreicht werden. Die Lösbarkeit ist ohne Schwierigkeiten möglich, da durch die geringe
Festigkeit der Lötverbindung die kombinierte Fügeverbindung immer im Lötgut getrennt wird.

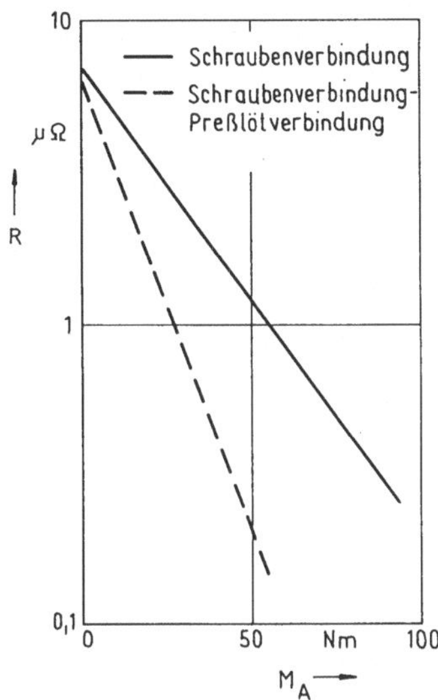


**Bild 102**   Übergangswiderstände (R) bei elementaren Schraubenverbindungen und kombinierten Schrauben-Preßlöt-Verbindungen in Abhängigkeit vom Schraubenan-
zugsmoment ($M_A$) (Werte nach /1/)

**Hinweise zur Herstellung**

Im Bereich der Fügeverbindung muß mindestens eine Fläche z. B. mit einem Zinn-Blei-Lot beschichtet sein. Die Beschichtung kann beispielsweise durch Tauchen oder Galvanisieren mit
einer Schichtdicke von 10 µm erfolgen. Zur Herstellung der Schrauben-Preßlöt-Verbindung ist
danach nur das Fügeverfahren "Schrauben" anzuwenden.

**Literatur zu Abschnitt 7.6.1**

1.   F. Krause, K. Wittke: Elektrische Leitfähigkeit von Fügeverbindungen an Stromschienen.
Untersuchungsbericht. TH Karl-Marx-Stadt, Wissenschaftsbereich Fügetechnik und
Montage 1980

2.   K. Wittke, U. Füssel: Einsatz kombinierter Fügeverbindungen in der Elektronik und
Elektrotechnik. Schweißtechnik, Berlin 35 (1985) 3, S. 105 - 107

## 7.7   Kombinationen mit Schweißverbindungen
### 7.7.1   Schmelzschweiß-Schmelzlöt-Verbindung

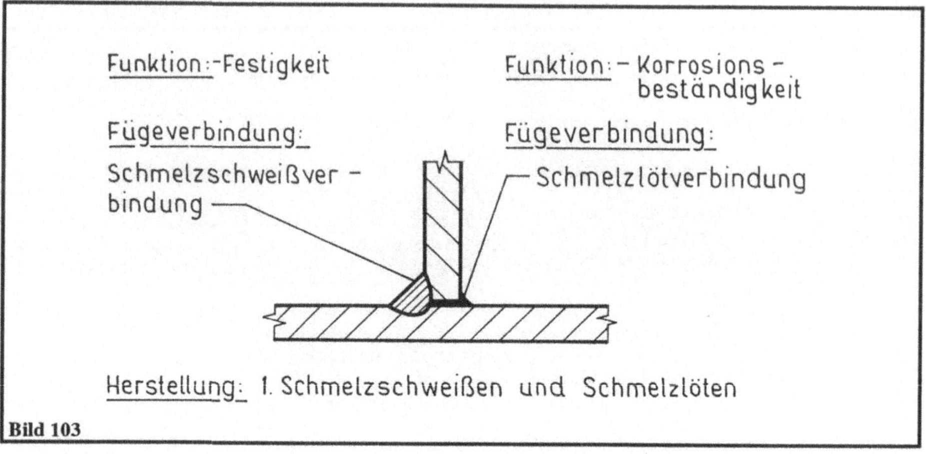


**Bild 103**

| Funktion | Vor- und Nachteile gegenüber | | Eigenschaften | Literatur |
|---|---|---|---|---|
| | Schmelzschweiß -verbindung | Schmelzlötver- bindung | der KFV | |
| Lösbarkeit | | | - | |
| Festigkeit | = | + | + | /1/ |
| Temperaturbelastbarkeit | | | + | |
| Sicherheit gegen Lösen | | | + | |
| Korrosionsbeständigkeit | + | | + | /1/ |
| Dichtheit | | | + | |
| Leitfähigkeit | | | + | |
| Maßgenauigkeit | | | + | |
| Zuverlässigkeit | | | + | |
| Wirtschaftlichkeit | | | (+) | |

| Werkstoffe | Metalle<br>Voraussetzung: Schweiß- und Lötbarkeit<br>Schweißzusatzwerkstoff: artgleich<br>Lot: Weich- oder Hartlot |
|---|---|

| Gestaltung | |
|---|---|
| Bauteilform | Platte-Platte<br>Profil-Profil |
| Räumliche Anordnung | nebeneinander |
| Verbindungsform | mittelbar |

| **Herstellung** | Die Herstellung beider Fügeverbindungen kann entweder gleichzeitig oder nacheinander erfolgen. |
|---|---|

| **Anwendung** | Anlagenbau, Luft- und Kältetechnik, Medizintechnik |
|---|---|

**Hinweise zur Funktion**

Die geforderte Festigkeit kann durch die geschweißte Kehlnahtverbindung realisiert werden. Der verbleibende Restspalt an der Wurzel wirkt sich unter bestimmten konstruktiven, hygenisch-biologischen oder ästhetischen Gründen negativ aus. Dieser Spalt kann durch eine Lötverbindung ausgefüllt werden. Die entsprechende kombinierte Schmelzschweiß-Schmelzlöt-Verbindung wird vor allem dort angewendet, wo eine schlechte Zugänglichkeit von einer Seite gegeben ist. Im konkreten Anwendungsfall /1/ war an einem 12 mm dicken Rohrboden ein Stutzen von 100 mm Durchmesser und 10 mm Dicke zu fügen.

**Hinweise zu den Werkstoffen**

Die Grundwerkstoffe des Rohrbodens und des Stutzens bestehen aus Stahl /1/. Als Zusatzwerkstoffe können die handelsüblichen Schweißzusatzwerkstoffe und als Lote  je nach Temperaturbelastung entsprechende Weich- oder Hartlote verwendet werden.

**Hinweise zur Herstellung**

Bei der gleichzeitigen Herstellung wird die Schweißwärme auch zum Löten genutzt. In diesem Fall ist das Lot aus Gründen der Zugänglichkeit  in Form von Draht, Folie oder Lotpaste vor dem Fügen an der Fügestelle zu deponieren.

**Literatur zu Abschnitt 7.7.1**

1.    Verfahren zum Verbinden metallischer Werkstoffe von einer Seite. Patentschrift DDWP 226801, IPK B 23 K, 9/00

## 7.7.2  Schmelzschweiß-Niet-Verbindung



**Bild 104**

| Funktion | Vor- und Nachteile gegenüber | | Eigenschaften der KFV | Literatur |
|---|---|---|---|---|
| | Schmelz-schweißverbindung | Nietverbindung | | |
| Lösbarkeit | | | - | |
| Festigkeit | + | + | + | /1-3/ |
| Temperaturbelastbarkeit | | | (+) | |
| Sicherheit gegen Lösen | | | + | |
| Korrosionsbeständigkeit | + | | + | /1/ |
| Dichtheit | | | + | |
| Leitfähigkeit | | | + | |
| Maßgenauigkeit | | | + | |
| Zuverlässigkeit | + | | + | /1-3/ |
| Wirtschaftlichkeit | + | | + | /1/ |

| Werkstoffe | Metalle, Nichtmetalle<br>Voraussetzung: Schweißbarkeit von einem Werkstoff |
|---|---|

| Gestaltung | |
|---|---|
| Bauteilform | Platte-Platte |
| Räumliche Anordnung | nacheinander |
| Verbindungsform | mittelbar |

| Herstellung | Einstecken des Nietes, Umformen des Nietes und anschließendes Schweißen /1/ oder Schweißen des Nietes und anschließendes Nieten /2, 3/ |
|---|---|

| Anwendung | Blechverarbeitung, Anlagenbau, Behälterbau |
|---|---|

### Hinweise zur Funktion

Durch diese Kombination wird vor allem die Festigkeit und Korrosionsbeständigkeit beim Fügen von einem gut und einem schlecht bzw. nicht schweißbaren Werkstoff gewährleistet. Die in /1/ dargestellte Variante ist auch zum Regenerieren von verschlissenen Auskleidungen anwendbar. Durch die Gestaltung der kombinierten Fügeverbindung ist eine einfache Montage möglich.

### Hinweise zu den Werkstoffen

Diese kombinierte Fügeverbindung wird z. B. zum Fügen von Werkstoffkombinationen von gut schweißbaren und schlecht oder nichtschweißbaren Werkstoffen eingesetzt. Ein weiterer Einsatzfall liegt vor, wenn unterschiedliche Werkstoffe aus metallurgischen Gründen nicht über den schmelzflüssigen Zustand fügbar sind. Die folgenden Werkstoffkombinationen werden in der Literatur beschrieben (Tab. 14). Die zu verschweißenden Niete müssen artgleich mit dem gut schweißbaren Werkstoff sein.

**Tab. 14**    Werkstoffkombinationen für die Anwendung von Schmelzschweiß-Niet-Verbindungen

| Grundwerkstoffe | Stahl | Kupfer |
|---|---|---|
| Aluminium | /2/ | /2/ |
| Titan | /1/ | |

### Hinweise zur Gestaltung

Für die im Bild 104. dargestellte Verbindung mit durchgesteckten Niet werden in /1/ folgende geometrische Empfehlungen gegeben (Bild 105). Mit dieser Gestaltung des Nietes kann eine Schweißverbindung hergestellt werden, die fast blecheben ist. Durch den dünnen, abgebogenen Randbereich des Nietes ist eine gleichmäßige Wärmeverteilung beim Schweißen im Niet und im Blech zu erreichen, womit die Gefahr des Durchschmelzens des dünnwandigen Bauteils verringert wird.

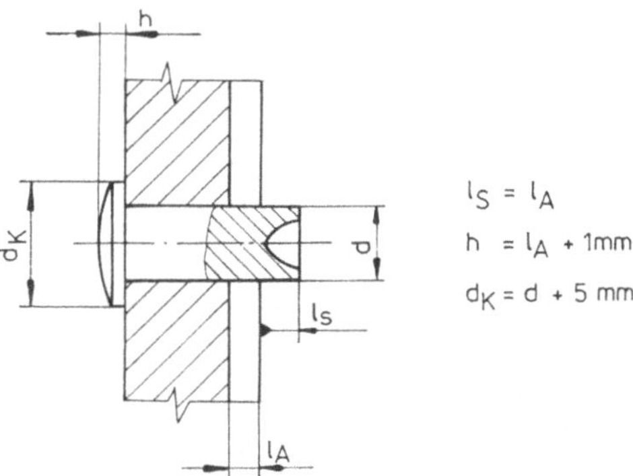


**Bild 105**    Gestaltung der kombinierten Schmelzschweiß-Niet-Verbindung mit durchgestecktem Niet (nach /1/)

Eine weitere Möglichkeit zur Lösung dieser Fügeaufgabe ist die Anordnung der Bohrung im schlecht schweißbaren Werkstück. Der Niet wird durch die Bohrung an seiner Stirnseite mit dem gut schweißbaren Werkstück gefügt (Bild 106) /2,3/.

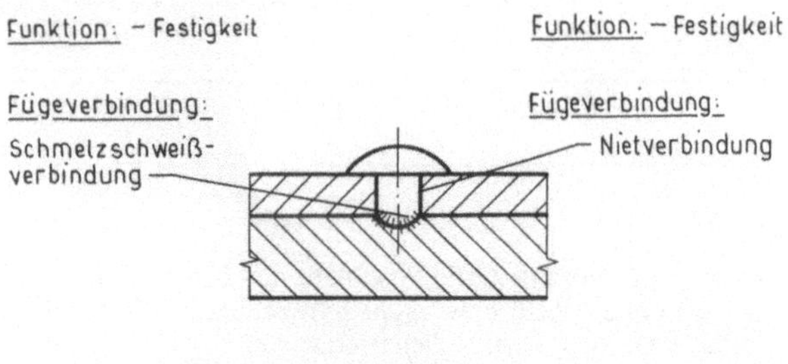


**Bild 106**    Kombinierte Schmelzschweiß-Niet-Verbindung /2/

**Hinweise zur Herstellung**

Die Herstellung der kombinierten Fügeverbindung in der Reihenfolge "Nieten - Schweißen" /1/ erfolgt über die Schritte:

1. Durchstecken des Nietes durch die Bohrungen beider Bleche
2. Umformen des Nietrandbereiches durch einen Dorn und Zusammenpressen der Blech
3. WIG-Schmelzschweißen ohne Zusatzwerkstoff (Aufschmelzen des umgebogenen Rand-
   bereiches des Nietes)

Durch das Anpressen der Bleche durch das Nieten ist die Gefahr der Luftzufuhr zwischen den Blechen zur Wurzel verringert, wodurch eine Qualitätsverbesserung der Schweißverbindung erreicht werden kann.

Bei der Herstellung dieser Fügeverbindung in der Reihenfolge "Schweißen - Nieten" /2, 3/ wird ein Bolzen durch eine Bohrung im schlecht schweißbaren Werkstoff gesteckt und beispielsweise durch Bolzenschweißen mit dem gut schweißbaren Werkstoff stoffschlüssig gefügt. Anschließend wird am freien Ende des Bolzens der Nietkopf geformt.

**Hinweise zu weiteren Kombinationsmöglichkeiten**

Zur Gewährleistung der Fügbarkeit zwischen unterschiedlichen Werkstoffen können folgende weitere Kombinationen angewendet werden:

- Schmelzlöt-Niet-Verbindung (1)
- Schmelzschweiß-Schrauben-Verbindung (1)
- Punktschweiß-Klemm-Verbindung (2)

**Literatur zu Abschnitt 7.7.2**

1. Verfahren zum Befestigen einer ersten Metallplatte auf einer zweiten Metallplatte. Erfindungsbeschreibung DEOS 3332217, IPK B 23 K, 9/20

2. Verfahren zum Verbinden von Flächen mit Hilfe einer Kugel aus gut schweißbaren
   Material. Erfindungsbeschreibung FPS 2390235, IPK B 23 K, 11/10

3. Verbundplatte und Verfahren zu deren Herstellung. Erfindungsbeschreibung DEOS
   3110652, IPK B 23 K, 31/00

## 7.7.3  Schmelzschweiß-Preßschweiß-Verbindung

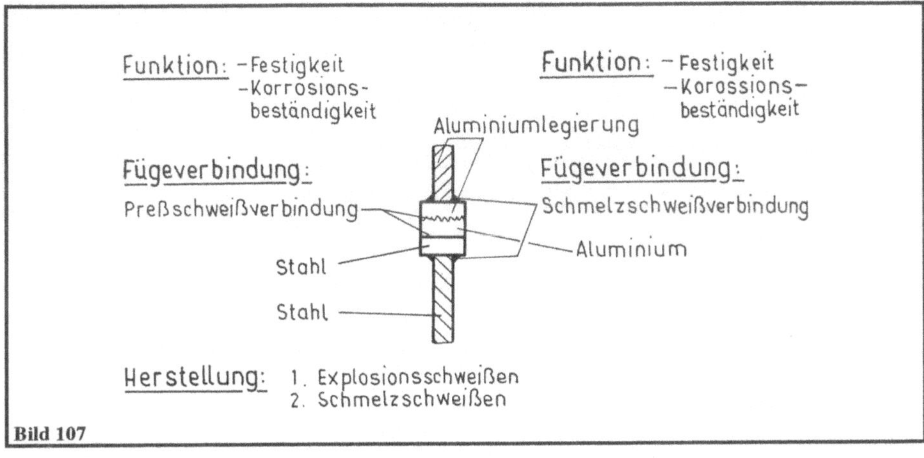


**Bild 107**

| Funktion | Vor- und Nachteile gegenüber | | Eigenschaften der KFV | Literatur |
|---|---|---|---|---|
| | Preßschweiß-verbindung | Schmelz-schweißverbin-dung | | |
| Lösbarkeit | | | - | |
| Festigkeit | + | + | + | /1, 2/ |
| Temperaturbelastbarkeit | | | + | |
| Sicherheit gegen Lösen | | | + | |
| Korrosionsbeständigkeit | + | + | + | /1, 2/ |
| Dichtheit | | | + | |
| Leitfähigkeit | | | + | |
| Maßgenauigkeit | | | + | |
| Zuverlässigkeit | | | + | |
| Wirtschaftlichkeit | | | (+) | |

| Werkstoffe | Metalle mit sehr unterschiedlichen Eigenschaften<br>Voraussetzung: Metalle müssen preßschweißbar sein |
|---|---|

| Gestaltung | |
|---|---|
| Bauteilform | Profil-Platte, Profil-Profil /1/, Platte-Platte /1/ |
| Räumliche Anordnung | räumlich getrennt |
| Verbindungsform | mittelbar |

| Herstellung | Diffusionsschweißen, Reibschweißen oder Explosionsschweißen des Übergangsstücks (Schweißverbinder)<br>Schmelzschweißen des Übergangsstücks mit den artgleichen Grundwerkstoffen |
|---|---|

| Anwendung | Schiffbau, Anlagenbau, Bauwesen |
|---|---|

**Hinweise zur Funktion**

Die Schmelzschweiß-Preßschweiß-Verbindung wird aus Gründen der unzureichenden Fügbarkeit, bedingt z. B. durch sehr unterschiedliche Schmelztemperaturen, Bildung von intermetallischen Verbindungen, angewendet. Dabei sind die Festigkeitseigenschaften der Preßschweißverbindung auf die Festigkeit der Schmelzschweißverbindung abzustimmen. Ein weiterer Einsatzbereich ist die Vermeidung von Korrosion bei Werkstoffkombination durch Bildung von Lokalelementen /1/. In diesem Fall wird der Schweißverbinder so aufgebaut, daß er aus solchen Werkstoffen besteht, die keine große Korrosionsneigung an deren Fügestelle besitzen.

**Hinweise zu den Werkstoffen**

In /1/ wird ein Einsatzfall zum Fügen von Stahl und Aluminiumlegierung beschrieben. Eine direkte Explosionsschweißverbindung zwischen Stahl und Aluminiumlegierung brachte nicht die geforderten Festigkeitswerte, so daß als Zwischenschicht zusätzlich noch reines Aluminium im Schweißverbinder angewendet wird.

**Hinweise zur Herstellung**

Bei der Anwendung des Explosionsschweißens als Preßschweißverfahren wird ein Platte aus den unterschiedlichen Werkstoffen gefügt und anschließend die Übergangsstücke entsprechend dem Anwendungsfall mechanisch herausgearbeitet /1/. Für rotationssymmetrischen Bauteile bietet sich das Reibschweißen zur Herstellung des Übergangsstücks an.
Zur Herstellung der Schmelzschweißverbindung können entsprechend den betrieblichen Bedingungen alle geeigneten Schmelzschweißverfahren eingesetzt werden.

**Hinweise zu weiteren Kombinationsmöglichkeiten**

Für das stoffschlüssige Fügen von sehr unterschiedlichen Werkstoffen ist auch die folgende kombinierte Fügeverbindung geeignet:

- Preßschweiß-Preßschweiß-Verbindung (1)

**Literatur zu Abschnitt 7.7.3**

1. W. Walczak: Verbindungsstück zum Schweißen von Aluminiumlegierungen mit Stahl. Schweißtechnik, Berlin 36 (1986), S. 164 - 166

2. Schröter: Schweißverbinder. Persönliche Information, Singen 1994

## 7.7.4  Widerstandspunktschweiß-Schmelzschweiß-Verbindung

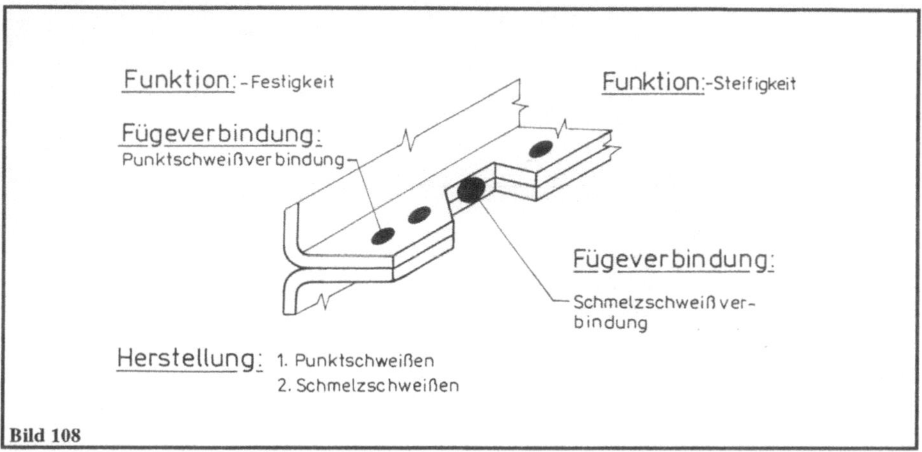


**Bild 108**

| Funktion | Vor- und Nachteile gegenüber | | Eigenschaften der KFV | Literatur |
|---|---|---|---|---|
| | Widerstands-punktschweiß-verbindung | Schmelz-schweißverbin-dung | | |
| Lösbarkeit | | | - | |
| Festigkeit | + | | + | /1/ |
| Temperaturbelastbarkeit | | | + | |
| Sicherheit gegen Lösen | | | + | |
| Korrosionsbeständigkeit | | | (+) | |
| Dichtheit | | | - | |
| Leitfähigkeit | | | + | |
| Maßgenauigkeit | + | | + | /1/ |
| Zuverlässigkeit | | | + | |
| Wirtschaftlichkeit | | | - | |

| Werkstoffe | Metalle<br>Voraussetzung: Preß- und Schmelzschweißbarkeit |
|---|---|

| Gestaltung | |
|---|---|
| Bauteilform | vorzugsweise Blech-Blech-Verbindungen<br>Platte-Platte /1/ |
| Räumliche Anordnung | nebeneinander |
| Verbindungsform | unmittelbar |

| Herstellung | Widerstandspunktschweißen<br>Schmelzschweißen |
|---|---|

| Anwendung | Blechverarbeitung, Fahrzeugbau |
|---|---|

**Hinweise zur Funktion**

Der notwendige Punktabstand von der Wand kann vor allem bei einer dynamischen Zugbeanspruchung zu einem Aufbiegen der beiden Bleche führen. Die Kombination der Punktschweißverbindung mit einer Schmelzschweißverbindung führt zu einer höheren Stabilität und Biegesteifigkeit /1/.

**Literatur zu Abschnitt 7.7.4**

1. Schweißverbindung für Karosserieblech. Erfindungsbeschreibung DE 3233048, IPK B 23k, 31/02

## 7.7.5  Preßschweiß-Schmelzlöt-Verbindung

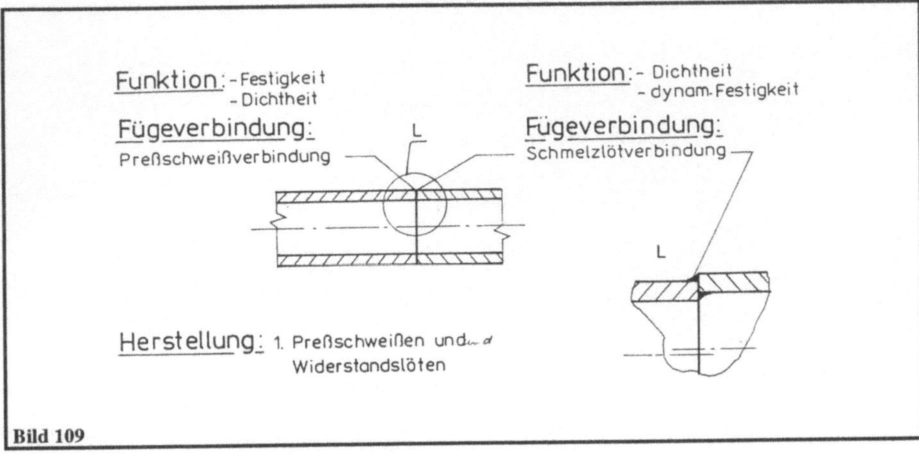


**Bild 109**

| Funktion | Vor- und Nachteile gegenüber | | Eigenschaften der KFV | Literatur |
|---|---|---|---|---|
| | Preßschweiß-verbindung | Schmelzlötver-bindung | | |
| Lösbarkeit | | | - | |
| Festigkeit | + | + | + | /1-6/ |
| Temperaturbelastbarkeit | = | + | + | /1-6/ |
| Sicherheit gegen Lösen | | | + | |
| Korrosionsbeständigkeit | = | = | = | /1-6/ |
| Dichtheit | = | = | = | /1-6/ |
| Leitfähigkeit | | | + | |
| Maßgenauigkeit | | | + | |
| Zuverlässigkeit | + | + | + | /1-6/ |
| Wirtschaftlichkeit | + | | + | /1-6/ |

| Werkstoffe | Stahl, vorzugsweise hochlegiert<br>Voraussetzung: Werkstoffe müssen preßschweiß- und lötbar sein |
|---|---|

| Gestaltung | |
|---|---|
| Bauteilform | Rohr-Rohr-Verbindung<br>Profil-Profil /1-6/ |
| Räumliche Anordnung | nebeneinander |
| Verbindungsform | mittelbar |

| Herstellung | Preßschweißen und gleichzeitiges Schmelzlöten durch Widerstandserwärmung |
| --- | --- |

| Anwendung | Rohrleitungsbau, Luft- und Kältetechnik , Kraftwerksanlagenbau, Schiffsbau /1-4/ |
| --- | --- |

**Hinweise zur Funktion**

Die statische und dynamische Festigkeit wurde an ausgewählten Werkstoffen ermittelt (Bild 110 und 111). Die Zugfestigkeit bei Belastung durch Innendruck liegt geringfügig unter der im Zugversuch ermittelten.

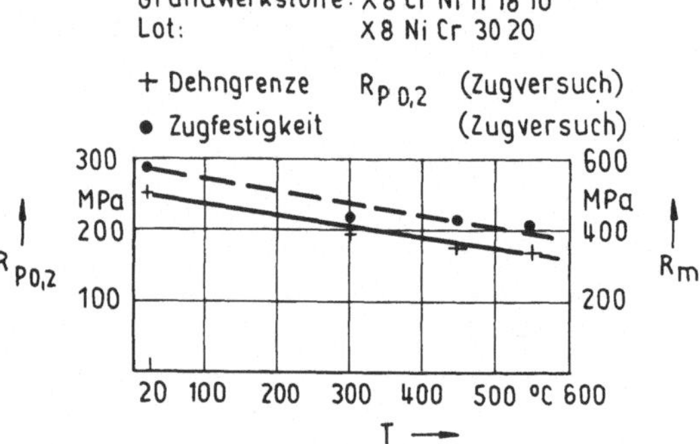


**Bild 110**  Statische Festigkeit ($R_{P0,2}$) von Preßschweiß-Schmelzlöt-Verbindungen in Abhängigkeit von der Einsatztemperatur (Werte nach /3/)

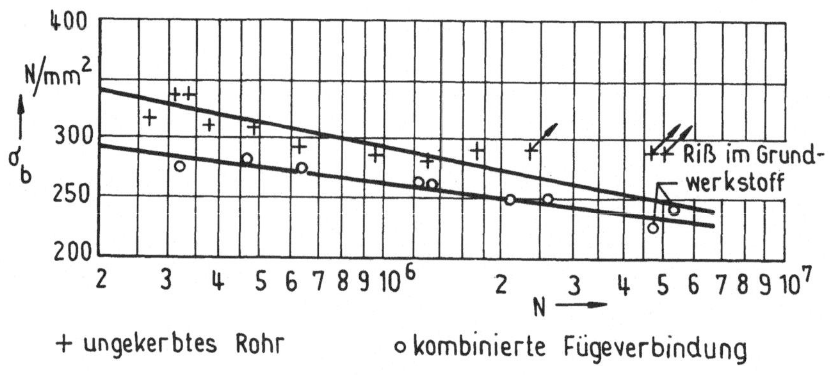


**Bild 111**  Dauerfestigkeit bei Biegewechselbeanspruchung von Preßschweiß-Schmelzlöt-Verbindungen (Werte nach /3/)

## Hinweise zu den Werkstoffen

Für die in der Tabelle 15 dargestellten Werkstoffe liegen Aussagen in Veröffentlichungen vor.

**Tab. 15**  Untersuchte Werkstoffkombinationen für Preßschweiß-Schmelzlöt-Verbindungen

| Grundwerkstoffe | Stahl, unlegiert | Stahl, hochlegiert[1] |
|---|---|---|
| Stahl, hochlegiert[1] | /1-4/ | /1-4/ |

[1] Als hochlegierter Stahl wird der X8CrNiTi18.10 beschrieben.

Zusatzwerkstoffe:  hochlegierter Stahl X8NiCr30.20 oder Ni 99.0 /1-6/
Kupferbasislote (Cu, CuZn, CuAgZnCd, /1-6/
CuMnCo, CuMnNi, CuMn, CuNi) /2/
Nickelbasislote (NiCr, FeNiCr) /2/

## Hinweise zur Gestaltung

Für die Anwendung dieser kombinierten Fügeverbindung im Kernkraftanlagenbau wird empfohlen, die Schmelzlötverbindung als Muffenverbindung auszubilden. Damit sind zwei redundante Fügeverbindungen vorhanden, die beim Ausfall nur einer elementaren Fügeverbindung einzeln die notwendige Festigkeit erfüllen können (Bild 112) /6/.

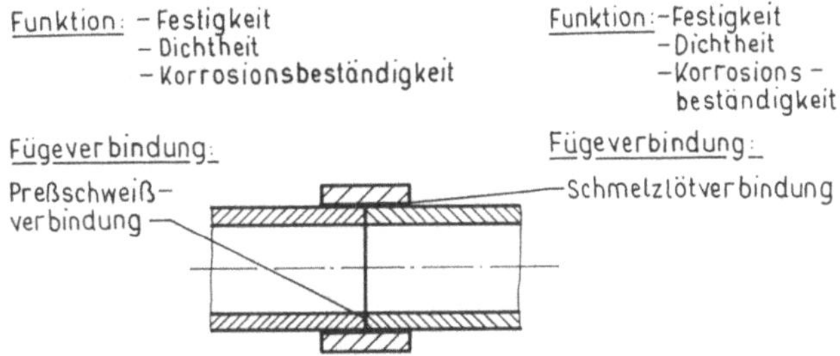


**Bild 112**  Gestaltung der Preßschweiß-Schmelzlöt-Verbindung als Muffenverbindung

## Hinweise zur Herstellung

Die Preßschweiß-Schmelzlöt-Verbindung von Stählen wird durch gleichzeitiges Preßschweißen und Schmelzlöten unter Schutzgas Argon 99,99 bei einer Erwärmzeit zwischen 5 und 25 s hergestellt. Die Wärme wird durch die Widerstandserwärmung an der Rohrstirnfläche erzielt. Die Unterbrechung des Stromflusses erfolgt nach dem Schmelzen des Lotringes. Für die Schutzgasanwendung reicht eine einfache Haube aus. Zusätzliche Einrichtungen für die Druckaufbringung sind nicht notwendig, da durch die Ausbildung der Elektroden als starre Einspannvorrichtung und lokaler Erwärmung an der Fügestelle die Wärmedehnung einen Fügedruck von 30 bis 100 MPa erzeugt. Diese kombinierte Fügeverbindung läßt sich günstig unter Baustellenbedingungen herstellen. Dafür stehen neben stationären Anlagen transportable Widerstandslötgeräte zur Verfügung /5/.

Für die Prüfung der Fügeverbindung ist durch die Abnahmeorganisationen der Biegeversuch an Parallelproben zugelassen.

Der geringere Herstellungsaufwand z. B. gegenüber dem WIG-Schweißen /1/ ist durch

- die geringen Fertigungszeiten,
- die hohe und stets gleichbleibende Nahtqualität (keine Nahtüberhöhung und Wurzel-durchhang),
- die Reduzierung des Röntgenaufwandes,
- den geringen Aufwand an Gerätetechnik,
- die geringeren Lohnkosten ( hochqualifizierte Schweißer werden nicht gefordert),

bedingt.

**Hinweise zu weiteren Kombinationsmöglichkeiten**

Die Anforderungen  "Festigkeit" und "Dichtheit" an Rohrverbindungen können auch  durch folgende Kombinationen erreicht werden:

- Schmelzschweiß-Aufweit-Verbindung (1)
- Schrauben-Preßlöt-Verbindung (1)
- Preßlöt-Flächenschluß-Verbindung (2)
- Schmelzschweiß-Längspreß-Flächenschluß-Verbindung (2)
- Schmelzschweiß-Schmelzschweiß-Verbindung (1)
- Schmelzschweiß-Einwalz-Verbindung (1)

**Literatur zu Abschnitt 7.7.5**


1.    B.P. Salzberg, H. Bogdahn: Herstellen von Schweiß-/Lötverbindungen unter Argon 99,99 mit Widerstandserwärmung. Schweißtechnik, Berlin 35 (1985) 6, S. 249 - 251

2.    B.P. Salzberg, H. Bogdahn: Beitrag zum Löten von Rohren kleiner Durchmesser durch elektrische Widerstandserwärmung. Dissertation, TH Magdeburg, 1984

3.    B.P. Salzberg, H. Bogdahn: Hochtemperaturlöten von Chrom-Nickel-Stählen unter Argon - ein neues Fügeverfahren. Schweißen und Schneiden, Düsseldorf 35 (1986) 5, S. 233 - 236

4.    B.P. Salzberg, H. Bogdahn: Herstellung kombinierter Schweiß-Lötverbindungen an Stahlrohren durch Widerstandserwärmung unter Argon. Svarotschnoe proisvodstvo, Moskau  (1990) 9, S. 39 - 41 (russ.)

5.    H. Bogdahn: Lötgerät zum Fügen von Rohrleitungen. Schweißtechnik, Berlin 39 (1989) 8, S. 377

6.    B.P. Salzberg: Über die Anwendbarkeit des direkten elektrischen Widerstandslötens. Schweißen und Schneiden, Düsseldorf 43 (1991) 7, S. 401 - 403

## 7.7.6  Punktschweiß-Falz-Verbindung



**Bild 113**

| Funktion | Vor- und Nachteile gegenüber | | Eigenschaften der KFV | Literatur |
|---|---|---|---|---|
| | Punktschweißverbindung | Falzverbindung | | |
| Lösbarkeit | | | - | |
| Festigkeit | + | + | + | /1/ |
| Temperaturbelastbarkeit | | | + | |
| Sicherheit gegen Lösen | | | + | |
| Korrosionsbeständigkeit | | | (+) | |
| Dichtheit | | | (+) | |
| Leitfähigkeit | | | + | |
| Maßgenauigkeit | | | + | |
| Zuverlässigkeit | + | + | + | /1/ |
| Wirtschaftlichkeit | - | + | (=) | /1/ |

| Werkstoffe | Metalle<br>Voraussetzung: Metalle müssen falz- und preßschweißbar sein |
|---|---|

| Gestaltung | |
|---|---|
| Bauteilform | Vorzugsweise Blech-Blech-Verbindung<br>Platte-Platte |
| Räumliche Anordnung | ineinander |
| Verbindungsform | unmittelbar |

| **Herstellung** | Heften der unteren beiden Lagen durch Punktschweißen<br>Falzen der dritten Lage<br>Punktschweißen aller drei Lagen |
|---|---|

| **Anwendung** | Automobilbau |
|---|---|

**Hinweise zur Funktion**

Durch die Punktschweiß-Falz-Verbindung kann ein hochfester Steganschluß erzielt werden, der vor allem hohen Spitzenbelastungen standhält und ein hohes Arbeitsaufnahmevermögen besitzt. Die Punktschweißverbindung zwischen den ersten beiden Lagen dient hauptsächlich zum Stabilisieren der Bauteile vor dem Falzen.

Bei der dreilagigen Punktschweißverbindung reißt bei einer Zugbelastung erst die Schweißverbindung zwischen zwei Lagen, während die andere noch erhalten bleibt. Die weitere Zugbelastung führt dann zu Verformungen der Falzverbindung. Die Verformung der Falzverbindung setzt eine hohe Arbeitsaufnahme voraus. Die gestreckte Verbindung wird anschließend auf Scherung beansprucht. Diese Belastungsart ermöglicht hohe Spitzenbelastungen. Gegenüber einer zweilagigen Punktschweißverbindung kann eine dreieinhalbfache Spitzenbelastung übertragen werden /1/.

**Hinweise zur Gestaltung**

Bei langen Punktschweiß-Falz-Verbindungen kann die Falzverbindung in einzelne Abschnitte unterteilt werden. Damit können  eine einfache Handhabung und kleine Fügekräfe ermöglicht werden.

**Literatur zu Abschnitt 7.7.6**

1.    Verfahren zum Herstellen einer Stegnaht für Blechbauteile. Erfindungsbeschreibung DEPS 3021529, IPK B 23 K, 33/00

# 7.8  Kombinationen mit Lötverbindungen
## 7.8.1  Schmelzlöt-Schmelzschweiß-Verbindung

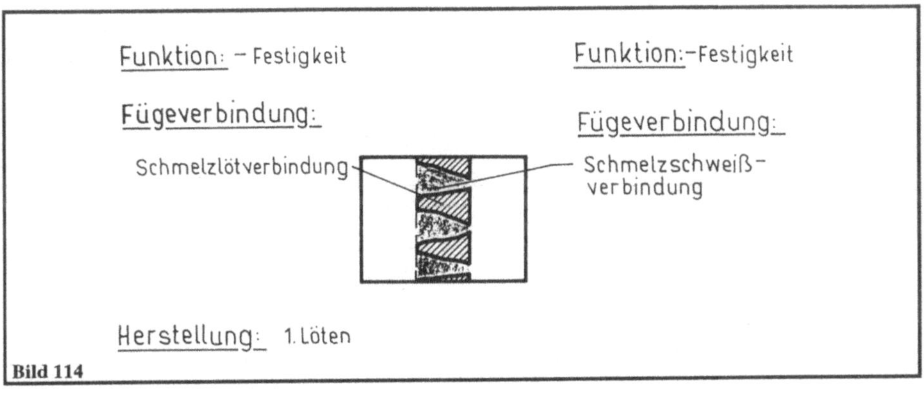


**Bild 114**

| Funktion | Vor- und Nachteile gegenüber | | Eigenschaften der KFV | Literatur |
| --- | --- | --- | --- | --- |
| | Schmelzlötver-bindung | Schmelz-schweißverbin-dung | | |
| Lösbarkeit | | | - | |
| Festigkeit | + | | + | /1-19/ |
| Temperaturbelastbarkeit | + | | + | /15/ |
| Sicherheit gegen Lösen | | | + | |
| Korrosionsbeständigkeit | | | + | |
| Dichtheit | + | | + | /15/ |
| Leitfähigkeit | | | + | |
| Maßgenauigkeit | | | + | |
| Zuverlässigkeit | | | + | |
| Wirtschaftlichkeit | + | | + | /4/ |

| Werkstoffe | Stähle<br>Voraussetzung: an den Fügeflächen muß ein Kohlenstoffunter-schied von mindestens 0,15 % vorliegen |
| --- | --- |

| Gestaltung | |
| --- | --- |
| Bauteilform | Profil-Profil, Profil-Platte, Platte-Platte |
| Räumliche Anordnung | ineinander |
| Verbindungsform | mittelbar |

| Herstellung | Vormontage der Bauteile durch Einpressen oder Anpressen während des Lötens<br>Schmelzlöten |
|---|---|

| Anwendung | Maschinenbau, Feinwerktechnik, Rohrleitungsbau |
|---|---|

**Hinweise zur Funktion**

Beim traditionellen Schmelzlöten entsteht unter der Voraussetzung eines Kohlenstoffunterschiedes und sehr kleiner Montagespalten in der Lötnaht ein Verbundgefüge. Durch die Lötnaht wachsen Stengelkristallite, die mit  beiden Stahloberflächen lokal verschweißen.  Diese Stengelkristallite haben die Eigenschaften von Schmelzschweißverbindungen, so daß damit eine kombinierte Schmelzlöt-Schmelzschweiß-Verbindung entsteht.

Die Scherfestigkeit der Schmelzlöt-Schmelzschweiß-Verbindung liegt über der von elementaren Schmelzlötverbindungen. Bei der Verwendung von Kupferlot kann die Verbindungswertigkeit (Scherfestigkeit der Verbindung zu Scherfestigkeit des verfahrensbeeinflußten Grundwerkstoffs) um den Faktor 0,3 gesteigert werden (Bild 115).

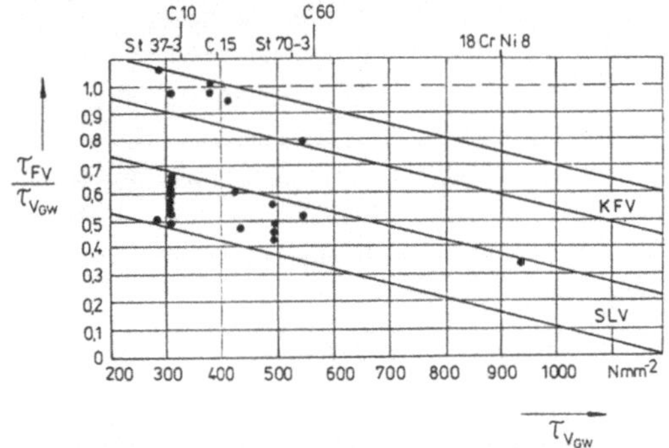


**Bild 115**    Vergleich der relativen Scherfestigkeiten (Verbindungswertigkeit) von Schmelzlötverbindungen (SLV) und Schmelzlöt-Schmelzschweiß-Verbindungen (KFV) /4, 11/

Die Festigkeitssteigerung gegenüber den Schmelzlötverbindungen hängt von der Ausbildung der Schweißverbindungen (Stengelkristallite) ab /6/. Als Einflußfaktoren auf die Ausbildung dieser kombinierten Fügeverbindung sind hauptsächlich

- konstruktive Faktoren wie die Montagespaltbreite und Oberflächenrauheit,
- technologische Faktoren wie die Löttemperatur, Haltezeit und Art der Vormontage,
- metallurgische Faktoren wie Kohlenstoffunterschied der Grundwerkstoffe sowie Zusammensetzung des Lotes

zu beachten.

Entsprechend der Vielzahl der Einflußfaktoren schwanken auch die mit verschiedenen Loten erreichbaren Scherfestigkeiten (Tab. 16). Die am breitesten untersuchten Schmelzlöt-Schmelzschweiß-Verbindungen an Stahl mit Kupferlot erreichen in den meisten Fällen Scherfestigkeiten über 300 MPa. Eine Festigkeitssteigerung beim Fügen von gleichartigen Werkstoffen (Fügeflächen sind entsprechend vorzubereiten oder Zwischenlagen einzusetzen) kann durch die Schmelzlöt-Schmelzschweiß-Verbindung kaum erreicht werden.

**Tab. 16**  Richtwerte für Scherfestigkeiten von Schmelzlöt-Schmelzschweiß-Verbindungen /6, 8, 9, 11, 12/

| Grundwerkstoff / Lot | Scherfestigkeit N/mm$^2$ | | |
|---|---|---|---|
| | Stahl | Stahlguß | Grauguß |
| L Cu | 235 – 418 | 248 – 355 | 114 – 123 |
| L Cu Sn 12 | 252 – 314 | | |
| L Cu Sn 15 | | | |
| a L Cu Sn 20 | | 273 | 83 – 121 |
| L Cu Zn 40 | 220 – 281 | | |
| R L Cu Zn | | | 107 – 210 |
| L Cu + Zn Dampf | 308 – 316 | | |
| L Ag 12 | 176 | | |
| L Ag 10 Sn 15 | 215 – 280 | | |

Die Zugfestigkeit der Schmelzlöt-Schmelzschweiß-Verbindung ist geringer als die der elementaren Schmelzlötverbindungen (Bild 116). Für die Verbindungswertigkeit bei Zugbelastung sind Werte von 0,75 bis 0,85 erreichbar.

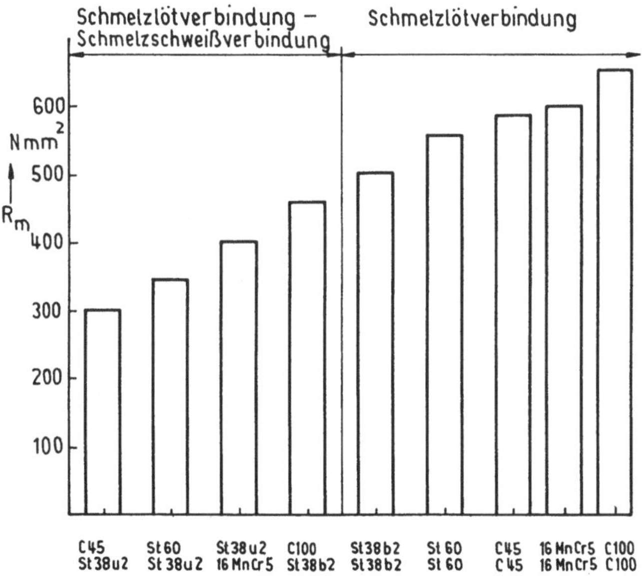


**Bild 116**  Zugfestigkeiten von Schmelzlötverbindungen und Schmelzlöt-Schmelzschweiß-Verbindungen /6/

Bei der dynamischen Belastung dieser kombinierten Fügeverbindung tritt keine Verschlechterung der mechanischen Eigenschaften ein /15/.

## Hinweise zu den Werkstoffen

Bei den in Tabelle 17 angegebenen Werkstoffkombinationen ist die Entstehung der Schmelzlöt-Schmelzschweiß-Verbindung experimentell nachgewiesen worden.

**Tab. 17**   Werkstoffkombinationen, die beim Schmelzlöten zu Schmelzlöt-Schmelz schweiß-Verbindungen führen /4, 6-9, 16, 17/

| Werkstoff-Nr. | Werkstoff DIN-Bezeichnung | Versuchswerkstoffe TGL-Bezeichnung | 1.0036 | 1.0050 | 1.0060 | 1.0330 | 1.0401 | 1.0501 | 1.0503 | 1.0601 | 1.0727 | 1.1221 | GGL 25 | GS C 35 |
|---|---|---|---|---|---|---|---|---|---|---|---|---|---|---|
| 1.0036 | St 37u-2 | St 38u-2, St 38 | | | | | | | | | | | | |
| 1.0050 | St 50-2 | St50-2,St50, St52 | /17/ | /17/ | | | | | | | | /17/ | | |
| 1.0060 | St 60-2 | St 60 | /17,6/ | | | | /16/ | | /16,17/ | | | | | |
| 1.0330 | St 12 | St Zu K32- A3 | /17/ | | | | | | | | | | | |
| 1.0401 | C 15 | C 15 | | /16/ | | | | | | | | | | |
| 1.0501 | C 35 | C 35 | | | | /17/ | | | | | | | | |
| 1.0503 | C45 | C 45 | /16,6/ | | | | /19/ | | | | | | | |
| 1.0601 | C 60 | C 60 | /17/ | | | | /19/ | | | | | | | |
| 1.0718 | 9 S Mn Pb 28 | 9 S Mn B 28 K | | | | | | | | | | | | |
| 1.0727 | 45 S 20 | 45S20,9S20,9S20K | /17,5/,6/ | | | /17/ | /16/ | /17/ | | | | | | |
| 1.1221 | Ck 67 | Ck 67 | | | | /17/ | /16/ | | | | | | | |
| 1.1545 | C 105 W1 | C 105 W1 | /16,6/ | | | | /19/ | | | | /16/ | | | |
| 1.2067 | C 100 Cr 6 | 100 Cr 6 | /16/ | | | | | | | | | | | |
| 1.2080 | X 210 Cr 12 | 210 Cr 6 | | | | | | | | | | | | |
| 1.2210 | 115 Cr V 3 | 115 Cr V 3 | /16/ | | | /1/ | /2/ | /17/ | /17/ | | | | | |
| 1.2344 | X 40 Cr MoV 51 | 40 Cr Mo V 21.14 | | | | | | | /19/ | | /17/ | /17/ | | |
| 1.2735 | 15 Ni Cr 14 | 13 Ni Cr 12 | | | | /17/ | | | /17/ | | | | | |
| 1.3255 | S 18-1-2-5 | X 79 Wo Co 18.5 * | /16/ | | | | | | | | | | | |
| 1.4301 | X 5 Cr Ni 18 10 | X5 CrNi 18.10 | | | | | | | /19/ | | | | | |
| 1.4313 | X 4 Cr Ni 13 4 | UR X 5 CrNi 13.4 | | | | | /2/ | | | | | | | |
| 1.4541 | X 6 CrNi Ti 18 10 | X8 Cr Ni Ti 18.10 ** | /16/ | | | | /16/ | | | | | | | |
| 1.6216 | 17 Mn Ni 4 /G VII | 17 Mn 4 L | | | | | | | | | | | | |
| 1.7131 | 16 Mn Cr 5 | 16 Cr Mo 5 | /16/ | | | | | /16/ | | | | | | |
| 1.7218 | 25 Cr Mo V 4 | 25 Cr Mo V 4 | | | | | /2/ | | | | | | | |
| 1.7707 | 30 Cr Mo V 9 | 30 Cr Mo V 9 | | | | | /2/ | | | | | | | |
| 1.8159 | 50 Cr V 4 | 50 Cr V 4 | /17,8/ | | /8/ | | | | | /6/ | | | | |
| | | GGG | | | | | /16/ | | | | | | | |
| 0.7040 | GGG - 40 | GGG 40 | | | | | /19/ | | | | | | | |
| 0.7050 | GGG - 50 | GGG 50, GGG 50.3 | | | | | /16/ | | | | | | | |
| 0.7060 | GGG - 60 | GGG 60 | | | | | | | /18/ | | | | | |
| 0.6025 | GG - 25 | GGL 25 | | | | | /17/ | | /18/ | /17/ | | | | |
| | | GGL 60 | | | | | /17/ | | /18/ | /17/ | | /18/ | | |
| 0.8035 | GTW - 35 - 04 | GT 350 4 E | | | | | | | | | | | | /17/ |
| | | GS C 35 | | | | | | | | | | | | |

*   X 6 Cr Ni Mo 20.9
   X 7 Cr Ni V Mo 20.9
** X 82 W Mo 6.5

Die Schmelzlöt-Schmelzschweiß-Verbindung kann an Stählen nur hergestellt werden, wenn an den Fügeflächen ein Kohlenstoffunterschied von mindestens 0,15 % vorliegt /6/. Weiterhin wirken sich auch andere Legierungselemente auf die Ausbildung dieser Verbindung aus. Die Elemente Phosphor, Silizium, Schwefel, Wolfram und Molybdän erhöhen die Neigung zur Ausbildung von Verbundfügegut, während Mangan, Chrom, Nickel, Kobalt und Aluminium zu einer Verringerung führen /4/.

Durch diese kombinierte Fügeverbindung können auch Stähle mit gleicher chemischer Zusammensetzung gefügt werden, wenn an der Fügestelle ein entsprechender Unterschied der Legierungselemente geschaffen wurde.

Die Schmelzlöt-Schmelzschweiß-Verbindungen können mit Kupferlot /1, 4-9, 11-15/, Kupfer-Zinn-Loten /5-7/, Silberloten /6/, Messingloten /6/, Kupfer-Zink-Reaktionsloten (Kupferlot + Zinkdampf) /8, 9/ und amorphen Kupferbasisloten /9/ hergestellt werden. Dabei ist zu beachten, daß die Neigung zur Ausbildung dieser kombinierten Fügeverbindung mit höheren Silber bzw. Zinngehalt im Lot abnimmt /7, 9/.

**Hinweise zur Gestaltung**

Eine weitere Voraussetzung für die Ausbildung dieser Schmelzlöt-Schmelzschweiß-Verbindung ist ein Montagespalt $b_M$ (Spalt der Fügeteile bei Raumtemperatur) kleiner 10 µm /6/. Je größer dieser Spalt wird, desto geringer ist die Neigung zur Ausbildung dieser Verbindung. Günstig wirkt sich dagegen eine große Oberflächenrauheit aus /6/.

Die Schmelzlöt-Schmelzschweiß-Verbindung sollte entsprechend der erreichbaren Festigkeiten vorzugsweise so gestaltet werden, daß sie auf Abscherung beansprucht wird. Beispiele für die Gestaltung dieser Fügeverbindung (Bild 117) sind die Bolzen-Platte-Verbindung /4-9, 11, 12, 18/, die Stumpflötverbindung /6, 8, 9/ und die Rohrverbindung /15, 18/.

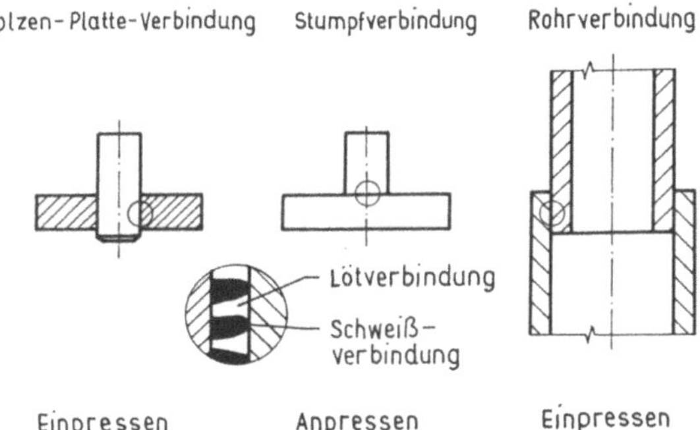


**Bild 117**     Gestaltungsvarianten für Schmelzlöt-Schmelzschweiß-Verbindungen

**Hinweise zur Herstellung**

Die Vormontage der Bauteile kann entweder über Einpressen oder Anpressen erfolgen (Bild 117). Nach dem Einpressen kann das Löten ohne Vorrichtungen erfolgen. Sollten Stumpflötverbindungen durch Anpressen hergestellt werden, ist ein Fügedruck von mindestens $5 * 10^{-3}$ MPa notwendig /6/. Dieser Fügedruck kann vielfach durch das Eigengewicht der Teile erreicht werden und führt zu Lötnahtbreiten von 20 µm bis 25 µm. Beim Löten mit Anpressen ist darauf zu achten, daß die Fügeflächen weitgehend von Schichten, die sich auf technischen Oberflächen bilden, befreit sind. Besonders absorbierte organische Moleküle können bei dem vorliegenden Fügedruck nicht beseitigt werden /6/.

Zur Herstellung der Schmelzlöt-Schmelzschweiß-Verbindung können folgende Lötverfahren eingesetzt werden:

- Schutzgasofenlöten /1, 4-7, 11, 13, 15/,
- Vakuumlöten /4-6/,
- Induktionslöten /6, 16/,
- Widerstandslöten /6/,
- Autoschutzgas-Containerlöten /8, 9/.

Die Oberflächenaktivierung kann entsprechend dem eingesetzten Lötverfahren durch Schutzgas, Vakuum oder Flußmittel erfolgen.

Die Ausbildung des Verbundfügegutes nimmt mit fallender Löttemperatur ab und mit längerer Haltezeit zu /6/. Bei einer Löttemperatur von 1150 °C (Löttemperatur für Kupferlot) reicht eine Haltezeit von 1 s /6/. Diese kurze Lötzeit ist vor allem beim Löten von Werkstoffen günstig, die zur Grobkornbildung neigen. Bei niedrigeren Löttemperaturen, z. B. bei der Anwendung von Silberloten, sind Haltezeiten von 25 min notwendig, damit sich die Schmelzlöt-Schmelzschweiß-Verbindung ausbilden kann /6/.

Soll diese Verbindung an Werkstoffen mit gleicher chemischer Zusammensetzung hergestellt werden, so kann eine Oberfläche aufgekohlt bzw. entkohlt werden oder es sind Zwischenfolien aus einem anderem Werkstoff einzusetzen /9/.

**Literatur zu Abschnitt 7.8.1**


1.   V. Großer, K. Renner, K. Wittke, M. Gertig: Vormontieren durch Preßpassung beim Hochtemperaturschutzgasofenlöten von Stahl mit Kupferlot. ZIS-Mitteilungen, Halle/S. 21 (1979) 4, S. 386 - 392

2.   T. Yodhida, H. Ohmura: Dissolution and deposit of base metal in brazing to dissimilar materials and its application. Journal of Japan Welding Society, Tokyo 46 (1980) 2, S. 35 - 46

3.   T. Yoshida, H. Ohmura: Dissolution and deposit of base metal in dissimilar carbon steel brazing. Welding Journal, Miami 59 (1980) 10, S. 278 - 282

4.   V. Großer: Beitrag zum Engspaltlöten von Stählen mit Kupferlot. Dissertation TH Karl-Marx-Stadt 1982

5.   F. Krause: Beitrag zum Problem der stoffschlüssigen kombinierten Fügeverbindungen des Typs "Schmelzlötverbindung - Schmelzschweißverbindung". Dissertation TH Karl-Marx-Stadt 1983

6.   O.Tautenhahn: Engsapltlöten mit Anpressen. Dissertation TH Karl-Marx-Stadt 1985

7.   K. Wittke, F. Rössiger: Hochtemperaturlöten von Stählen mit Kupfer-Zinn-Loten zur Herstellung von kombinierten Fügeverbindungen des Typs "Schmelzlötverbindung - Schmelzschweißverbindung". ZIS-Mitteilungen, Halle/S. 25 (1983) 4, S. 394 - 398

8.   R. Bosler: Autoschutzgas-Containerlöten. Dissertation TH Karl-Marx-Stadt 1986

9.   A.. Demmler: Rationalisierung in der Fügetechnik durch Weiterentwicklung des Autoschutzgas-Containerlötens. Dissertation TU Karl-Marx-Stadt 1989

10.   T. Yoshida, H. Ohmura: High-Impact strength brazed joints in steel. Welding Research Supplements, (1986) 10, S. 268 - 272

11. K. Wittke, V. Großer, B.N. Perewesenzev: Hochtemperaturschmelzlöten von Baustahl im Vakuum. Schweißtechnik, Berlin 32 (1982) 10, S. 440 - 446

12. K. Wittke, R. Bosler: Scherfestigkeiten von wärmebehandelten Schmelzlöt-Schmelzschweißverbindungen an Stählen. Schweißtechnik, Berlin 37 (1987) 3, S. 107 - 108

13. K.; Wittke, V. Großer: Engspaltlöten von Stählen. ZIS-Mitteilungen, Halle/S. 23 (1981)4, S. 351 - 356

14. Anordnung zum Hochtemperaturlöten von Eisenkohlenstofflegierungen. Erfindungsbeschreibung DDWP 140849, IPK B 23 K, 1/04

15. U. Flügel: Engspaltlöten von Schlaucharmaturen. Schweißtechnik, Berlin 37 (1987) 6, S. 271 - 272

16. K. Wittke, V. Großer, K. Renner, F. Krause: Richtlinie Engspaltlöten TH Karl-Marx-Stadt, Lehrstuhl Fügetechnik 1981

17. K. Wittke, V. Bosler, U. Füssel: Richtlinier Container-Hochtemperaturschmelzlöten. TH Karl-Marx-Stadt, Lehrstuhl Fügetechnik 1982

18. K. Wittke, A.. Demmler, R. Bosler: Autoschutzgas-Containerlöten von Eisengußwerkstoffen. Gießereitechnik, Leipzig 36 (1990) 3, S. 81 - 84

19. H.-D. Steffens, M. Türpe: Untersuchungen zum Löten von Massenstählen. Abschlußbericht zum AIF-Forschungsvorhaben Nr. 8435, Dortmund 1993

## 7.8.2  Schmelzlöt-Einsetz-Verbindung

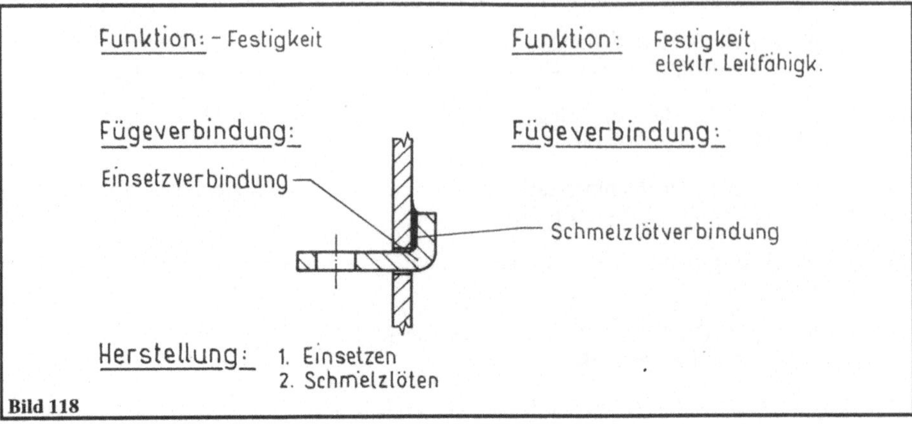


**Bild 118**

| Funktion | Vor- und Nachteile gegenüber | | Eigenschaften der KFV | Literatur |
|---|---|---|---|---|
| | Schmelzlötver-bindung | Einsetzverbin-dung | | |
| Lösbarkeit | | | - | |
| Festigkeit | + | + | + | /1-6/ |
| Temperaturbelastbarkeit | | | = | |
| Sicherheit gegen Lösen | | | + | |
| Korrosionsbeständigkeit | | | (+) | |
| Dichtheit | | | + | |
| Leitfähigkeit | | | + | |
| Maßgenauigkeit | | | + | |
| Zuverlässigkeit | | | + | |
| Wirtschaftlichkeit | | | - | |

| Werkstoffe | Metalle<br>Voraussetzung: Lötbarkeit |
|---|---|

| Gestaltung | |
|---|---|
| Bauteilform | Platte-Platte /1-3, 5/, Profil-Platte, Profil-Profil /4/ |
| Räumliche Anordnung | nebeneinander /1-3, 5/, räumlich getrennt /4/, ineinander /6/ |
| Verbindungsform | mittelbar /1-6/ |

| Herstellung | Einsetzen oder Ineinanderschieben |
|---|---|
| | Schmelzlöten |

| Anwendung | Feinwerktechnik /1-3, 5/, Blechverarbeitung, Rohrleitungsbau /4/, |
|---|---|
| | Elektrotechnik /5/ |

## Hinweise zur Funktion

Diese kombinierte Fügeverbindung besitzt vor allem bei Biegebelastung eine höhere statische und dynamische Festigkeit als eine elementare Lötverbindung. Eine weitere Einsatzmöglichkeit ist die Steigerung der Festigkeit von Weichlötverbindungen. Gegenüber elementaren Einsetzverbindungen weist diese kombinierte Fügeverbindung durch den Stoffschluß eine bessere elektrische und thermische Leitfähigkeit sowie Dichtheit auf.

## Hinweise zur Gestaltung

Neben der Anordnung der Lötverbindung und der Einsetzverbindung nebeneinander /1-3/ können die elementaren Fügeverbindungen auch "räumlich getrennt" angeordnet sein /4/. Diese Art der Anordnung ist in Form einer Schmelzlöt-Einschieb-Verbindung in Bild 119 dargestellt. Ein Beispiel für die Anordnung "ineinander" stellt die Schmelzlöt-Schwalbenschwanz-Verbindung dar (Bild 120).

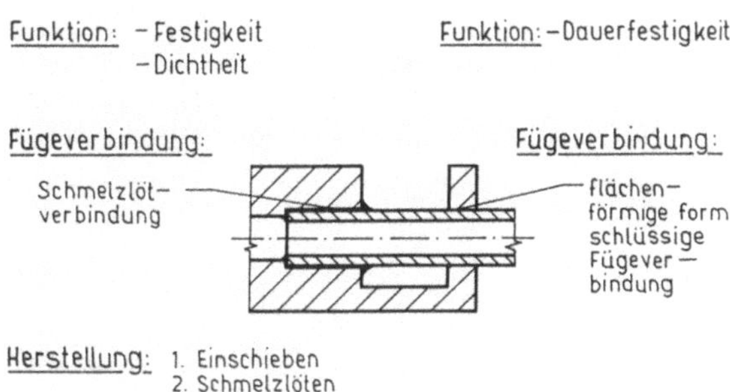


**Bild 119**   Kombinierte Schmelzlöt-Einschieb-Verbindung mit räumlich getrennt angeordneten elementaren Fügeverbindungen /4/

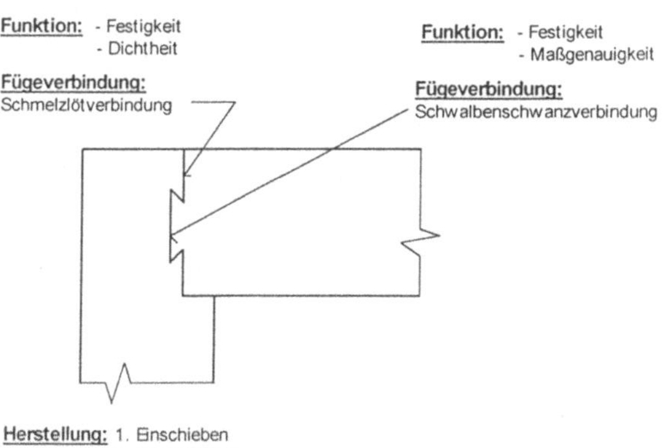


**Bild 120**   Kombinierte Schmelzlöt-Schwalbenschanz-Verbindung /6/

**Hinweise zu weiteren Kombinationsmöglichkeiten**

Die Verbesserung der Festigkeitseigenschaften von Schmelzlötverbindungen kann durch die folgende Kombinationen erreicht werden:

- Schmelzlöt-Niet-Verbindung (1)

**Literatur zu Abschnitt 7.8.2**


1.   H. Ringhardt: Feinwerkelemente. Hanser-Verlag, München, Wien 1979

2.   W. Krause: Konstruktionselemente der Feinmechanik. Verlag Technik, Berlin 1989

3.   K. Sieker, K. Rabe: Fertigungsgerechtes und stoffgerechtes Gestalten in der Feinwerktechnik. Springer-Verlag Berlin, Heidelberg 1954

4.   Gelötete Rohrverbindung. Erfindungsbeschreibung SUPS 759791, IPK F 16 L, 27/08

5.   S. Hildebrandt, W. Krause: Fertigungsgerechtes Gestalten in der Feinwerktechnik. Verlag Technik, Berlin 1977

6.   K.F Zimmermann: Hartlöten, Regeln für Konstruktion und Fertigung. DVS-Verlag, Düsseldorf 1968

## 7.8.3  Schmelzlöt-Preß-Flächenschluß-Verbindung

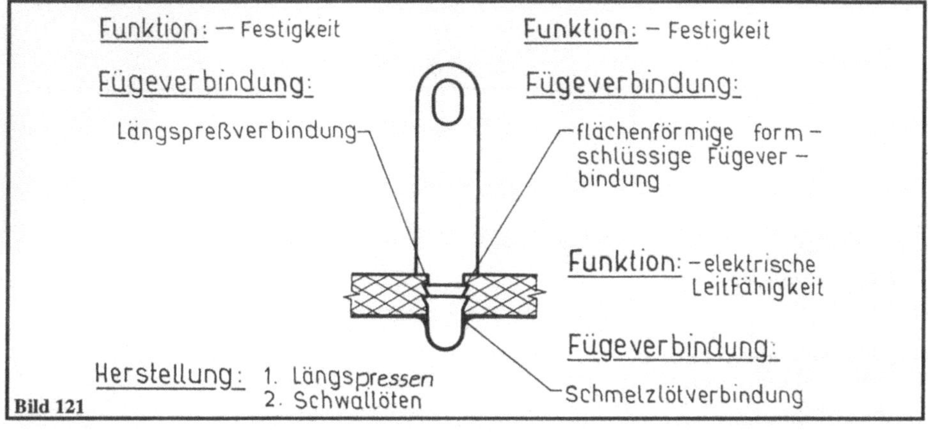


| Funktion | Vor- und Nachteile gegenüber | | | Eigenschaf-ten der KFV | Litera-tur |
| --- | --- | --- | --- | --- | --- |
| | Schmelzlöt-verbindung | Preßverbin-dung | Flächen-schlußver-bindung | | |
| Lösbarkeit | | | | (-) | |
| Festigkeit | + | | | + | /1/ |
| Temperaturbelastbarkeit | | | | + | |
| Sicherheit gegen Lösen | | | | + | |
| Korrosionsbeständigkeit | | | | + | |
| Dichtheit | | | | | |
| Leitfähigkeit | | + | | + | /1/ |
| Maßgenauigkeit | | | | + | |
| Zuverlässigkeit | + | | | + | /1/ |
| Wirtschaftlichkeit | | | | + | |

| Werkstoffe | Metalle und Nichtmetalle<br>Lot: Zinn-Blei-Lote |
| --- | --- |

| Gestaltung | |
| --- | --- |
| Bauteilform | Profil-Platte |
| Räumliche Anordnung | ineinander/nacheinander |
| Verbindungsform | mittelbar |

| **Herstellung** | Einpressen /1/ oder Blindnieten /2/<br>Schmelzlöten, z. B. Schwallöten |
|---|---|

| **Anwendung** | Elektronik |
|---|---|

### Hinweise zur Funktion

Die mechanische Beanspruchung wird durch die Preßverbindung und die zusätzliche Flächenschlußverbindung aufgenommen. Sowohl während der Montage als auch während des Einsatzes realisieren diese Fügeverbindungen die "Sicherheit gegen Lösen". Ein Lösen der Verbindung ohne Zerstörung der Bauteile ist nicht möglich. Die elektrische Leitfähigkeit wird durch die außerdem gefertigten Schmelzlötverbindung gewährleistet.

### Hinweise zu den Werkstoffen

Die in /1/ beschriebenen Leiterplatten bestehen aus kupferbeschichteten Hartpapier oder Kunststoffen. Der Lötstützpunkt besteht aus Messing und ist verzinnt /2/.

### Hinweise zur Gestaltung

Die Außenabmessung der Stecklötöse (Bild 121) ist um 10 - 15 % größer als der  Bohrungsdurchmesser in der Leiterplatte. An den Schmalseiten der Öse befinden sich mehrere sägezahnförmige Spitzen entgegen der Einpreßrichtung. Durch diese Anordnung wird vermieden, daß durch die Stecklötöse beim Einpressen die Leiterbahnen von der Platte abgehoben werden /1/.

Eine weitere Möglichkeit zur Lösung dieser Fügeaufgabe ist die Gestaltung des Lötstützpunktes als Blindniet (Bild 122) /2/.

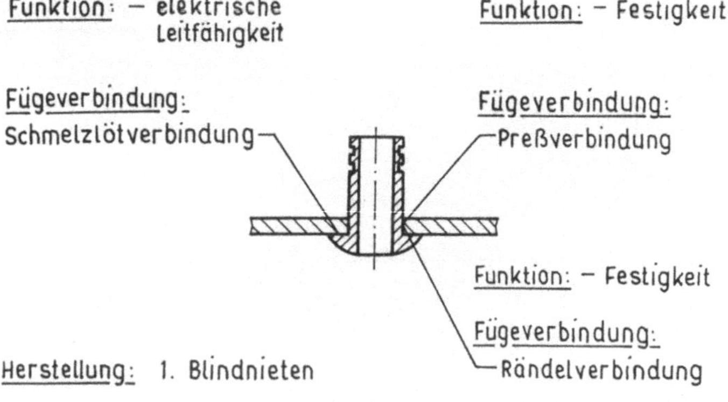


**Bild 122**     Schmelzlöt-Preß-Rändel-Verbindung

Der Außendurchmesser des Lötstützpunktes ist im Anlieferungszustand kleiner als der Innendurchmesser in der Leiterplatte. Durch Herausziehen des Nietdorns wird der Lötstützpunkt aufgeweitet und es entsteht eine Preßverbindung zwischen Lötstützpunkt und Leiterplatte. Neben der Preßverbindung werden durch eine Rändelverbindung die Festigkeitseigenschaften verbessert. Die Rändelung wird am Umfang des Lötstützpunktes angeordnet.

**Hinweise zur Herstellung**

Die Stecklötösen werden über ein Magazin zugeführt und eingepreßt. Mittels Schwallöten kann die Lötverbindung zwischen Leiterbahn und Öse hergestellt werden /1/. Beim Fügen des Lötstützpunktes /2/, der ebenfalls magaziniert angeboten wird, wird dieser durch die Bohrung der Leiterplatte gesteckt und der Nietdorn durch die Innenbohrung des Lötstützpunktes gezogen. Durch die Aufweitung entsteht eine Preßverbindung und die Formschlußverbindung. Anschließend erfolgt des Schmelzlöten.

**Literatur zu Abschnitt 7.8.3**

1.   Stecklötöse. Erfindungsbeschreibung DDWP 120566, IPK H 01 R, 5/04

2.   Prospekt Avlug-Magazin-Lötstützpunkt Avdel-Verbindungselemente GmbH, Lagenhagen

## 7.8.4  Schmelzlöt-Schmelzlöt-Verbindung

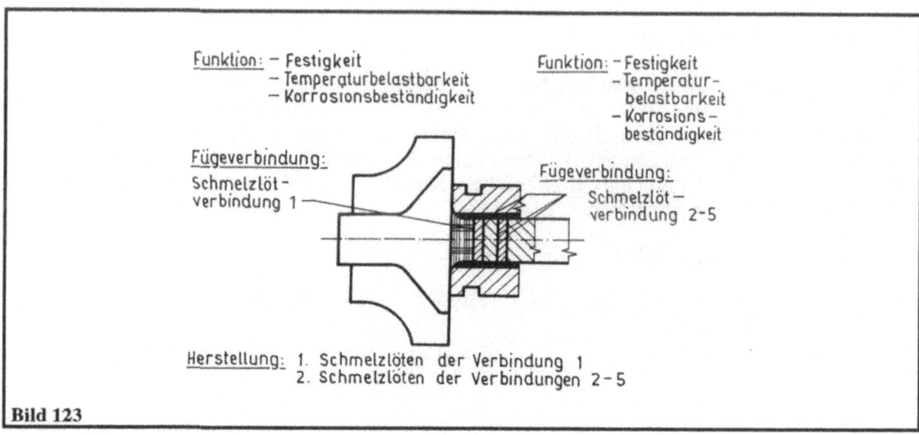



**Bild 123**

| Funktion | Vor- und Nachteile gegenüber | | Eigenschaften der KFV | Literatur |
|---|---|---|---|---|
| | Schmelzlötver-bindung | Schmelzlötver-bindung | | |
| Lösbarkeit | | | - | |
| Festigkeit | + | + | + | /1, 2/ |
| Temperaturbelastbarkeit | + | + | + | /1/ |
| Sicherheit gegen Lösen | | | + | |
| Korrosionsbeständigkeit | + | + | + | /1/ |
| Dichtheit | | | + | |
| Leitfähigkeit | | | + | |
| Maßgenauigkeit | | | + | |
| Zuverlässigkeit | + | + | + | /1, 2/ |
| Wirtschaftlichkeit | | | | |

| Werkstoffe | Metalle und Nichtmetalle, vorzugsweise Keramik<br>Lot: Aktivlot für Lötstelle 1, Hochtemperaturlot für Lötstellen 2 - 5 |
|---|---|

| Gestaltung | |
|---|---|
| Bauteilform | Profil-Profil |
| Räumliche Anordnung | nacheinander |
| Verbindungsform | mittelbar |

| Herstellung | Schmelzlöten von Keramikrad und Nickelscheibe<br>Schmelzlöten von Welle, Wolframplatte und Hülse an die Nickel-scheibe /1/ |
|---|---|

| Anwendung | Automobilbau, Motorenbau |
|---|---|

**Hinweise zur Funktion**

Durch die Kombination und den Aufbau des Fügebereiches sind die Anforderungen Festigkeit, Temperaturbeständigkeit und Korrosionsbeständigkeit besonders gut zu erfüllen /1/. Infolge der Verwendung entsprechender Lote ist eine Temperaturbeständigkeit von 450 ° C erreichbar. Bei Raumtemperatur sind Torsionsspannungen bis maximal 423 MPa und bei 480 ° C von 397 MPa möglich. Die Lötverbindung hielt ebenfalls bei den Testbedingungen 950 ° C, 100 h 120000 Umdrehungen stand. Die Korrosionsbeständigkeit von Lötverbindungen mit Kupfer-Silber-Loten geht beim Einsatz oberhalb des eutektischen Punktes (780 ° C) stark zurück, da die Oxydation einsetzt. Deshalb sind bei diesen Betriebstemperaturen kupferfreie Lote zu verwenden.

Zur Realisierung der Forderung "Festigkeit" beim stoffschlüssigen Fügen von Metall und Keramik eignet sich die im Bild 124 dargestellte kombinierte Fügeverbindung mit nacheinander angeordneten Schmelzlötverbindungen /2/. Durch diese Anordnung können vor allem Restspannungen nach dem Löten infolge der unterschiedlichen Wärmeausdehnungskoeffizienten von Metall und Keramik ausgeglichen werden. Der Ausgleich der Restspannungen erfolgt hauptsächlich durch die zwischen den beiden Schmelzlötverbindungen angeordnete Keramikschicht. Diese kombinierte Fügeverbindung ist besonders für hohe dynamische Belastungen geeignet. Es ist eine Steigerung der Schlagzähigkeit (nach Izod) bei der Kombination um maximal 166 % gegenüber einer elementaren Schmelzlötverbindung möglich.

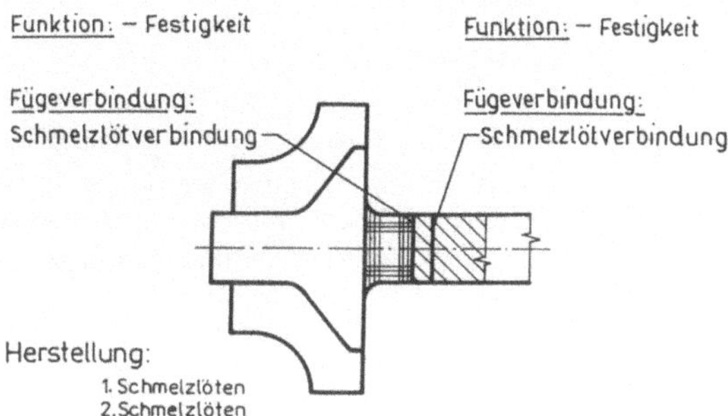


**Bild 124**    Schmelzlöt-Schmelzlöt-Verbindung

**Hinweise zu den Werkstoffen**

Das Keramikrad besteht aus Siliziumnitrid und die Welle aus rostfreiem Stahl (Bild 123). Als Zwischenplatten werden Nickel- und Wolframscheiben verwendet. Als Lote kommen kupferfreie Nickelbasislote zur Anwendung, um unerwünschte Reaktionen mit dem Nickel zu verhindern. Für die erste Lötverbindung zwischen dem keramischen Rad und der Nickelplatte wird ein Aktivlot mit 7 - 20 % Silber, 10 - 60 % Nickel, 1 - 20 % Palladium und 1 - 10 % Titan verwendet, während das Lot für die zweite Lötverbindung zwischen Nickelplatte, Wolframplatte, Metallwelle und - hülse weniger als 1 % Titan enthalten sollten.

Für die in Bild 124 dargestellte Schmelzlöt-Schmelzlöt-Verbindung sind die in Tabelle 18 dargestellten Werkstoffkombinationen untersucht worden /2/. Für die unterschiedlichen Metall-Keramik-Verbindungen können Zwischenlagen aus Keramik (gleiche Zusammensetzung wie die Keramikbauteile) oder Metall-Keramik-Gemische verwendet werden. Das Keramik-Metall-Gemisch kann aus Titannitrid, Titankarbid und/oder

Wolframkarbid sowie Nickel, Kobalt, Molybdän und/oder Titan bestehen. Als Lot sind in /1/ reines Silber, das eutektische Silber-Kupfer-Lot (LAg 72) und eine Aktivlotpaste aus Titan, Silber und Kupfer beschrieben.

**Tab. 18**    Werkstoffkombinationen beim Fügen von Metall mit Keramik durch eine Schmelzlöt-Schmelzlöt-Verbindung

| Metall \ Keramik | Silizium -nitrid | Alumini- umoxid | Zirkon- oxid | Silizium -karbid | Bor- nitrid |
|---|---|---|---|---|---|
| Kohlenstoffstahl | /2/ | /2/ | /2/ | /2/ | /2/ |
| hochlegierter Stahl (Cr-Mo-Stahl) | /2/ | | | | |
| Kovar (Cr-Ni-Fe-Legierung) | /2/ | /2/ | /2/ | /2/ | /2/ |

**Hinweise zur Gestaltung**

Zum Abbauen der Spannungen infolge der unterschiedlichen Wärmedehnungskoeffizienten von Keramik und Metall besteht die Fügeverbindung (Bild 123) aus verschiedenen Platten, die miteinander verlötet sind. Experimentell wurden die in Bild 125 dargestellten Abmessungen der einzelnen Platten ermittelt..

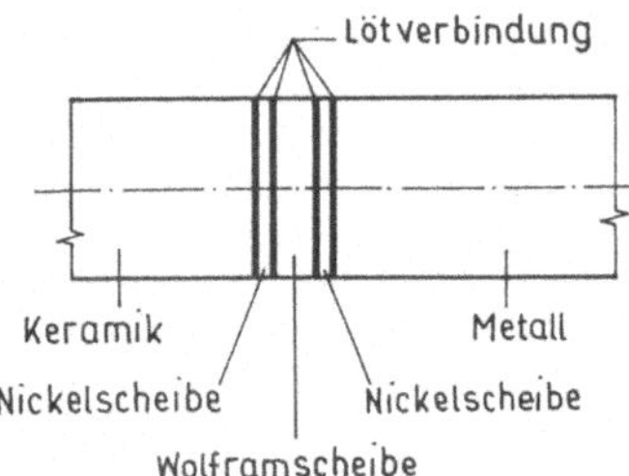


**Bild 125**    Gestaltung der Lötverbindung zwischen Keramik und Metall (ohne Hülse)

Die Dicke der keramischen Schicht (Bild 125) zwischen den beiden Lötverbindungen soll in einem Bereich von 1,5 bis 20 % der Fügeflächenbreite liegen. Nur in diesem Bereich können die Spannungen, die infolge der unterschiedlichen Wärmedehnungskoeffizienten entstehen, ausgeglichen werden. Bei einer größeren Dicke wird die keramische Schicht zu steif.

**Hinweise zur Herstellung**

Die Schmelzlötverbindungen werden in /1/ nacheinander hergestellt. Als erstes wird die Nickelplatte an das Keramikrad im Vakuum bei einer Temperatur von 1060 °C und einer Löt- zeit von 15 min gelötet. Die Fixierung erfolgt durch eine Vorrichtung. Anschließend werden in einem Vorgang die Wolframplatte auf die Nickelplatte, eine weitere Nickelplatte auf die Wolframplatte, die Welle auf die Nickelplatte und die Hülse auf die gesamte Welle gelötet. Dieser Lötprozeß erfolgt ebenfalls im Vakuum.

Zur Herstellung der Lötverbindung /2/ sind die keramische Fügeflächen zu metallisieren. Die Metallisierung besteht aus Zirkonium (0,2 µm), Chrom (0,2 µm) und Silber (5 µm). Anschlie- ßend können im Vakuum beide Schmelzlötverbindungen hergestellt werden. Eine zweite Möglichkeit ist das Beschichten der Fügeflächen mit einer Aktivlotpaste und das Löten in einer nichtoxidierenden Atmosphäre.

**Literatur zu Abschnitt 7.8.4**


1.    Ceramic turbocharger rotor. Erfindungsbeschreibung EP 0376092, IPK C 04 B, 37/02
2.    Keramik/Metall-Verbundgebilde. Erfindungsbeschreibung DEOS 3514320, IPK B 23 B, 18/00

# 7.9   Kombinationen mit Klebverbindungen
## 7.9.1   Kleb-Kleb-Verbindung

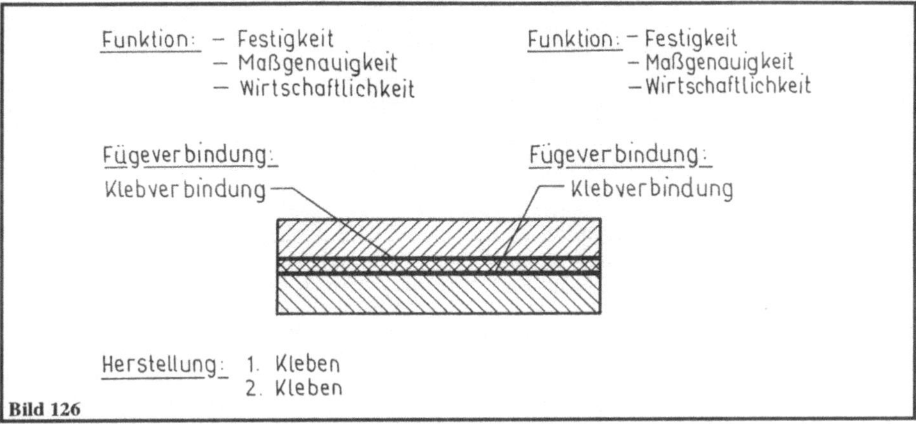


**Bild 126**

| Funktion | Vor- und Nachteile gegenüber | | Eigenschaften | Literatur |
|---|---|---|---|---|
| | Klebverbindung | Klebverbindung | der KFV | |
| Lösbarkeit | | | (=) | |
| Festigkeit | + | + | + | /1-4/ |
| Temperaturbelastbarkeit | = | = | = | /1-4/ |
| Sicherheit gegen Lösen | | | = | |
| Korrosionsbeständigkeit | + | + | + | /1-4/ |
| Dichtheit | = | = | = | /1-4/ |
| Leitfähigkeit | | | (-) | |
| Maßgenauigkeit | + | + | + | /1-4/ |
| Zuverlässigkeit | + | + | + | /1-4/ |
| Wirtschaftlichkeit | + | + | + | /1-4/ |

| Werkstoffe | Metalle und Nichtmetalle unterschiedlicher Zusammensetzung Klebband mit verschiedenen Kernen und gleichen oder unterschiedlichen Klebstoffüberzügen |
|---|---|

| Gestaltung | |
|---|---|
| Bauteilform | Platte-Platte, Profil-Profil, Profil-Platte |
| Räumliche Anordnung | nacheinander |
| Verbindungsform | mittelbar |

| **Herstellung** | Kleben des Klebbandes auf ein Bauteil<br>Kleben des zweiten Bauteils auf das Klebband |
|---|---|

| **Anwendung** | Metallbau, Fahrzeugbau, Flugzeugbau |
|---|---|

### Hinweise zur Funktion

Durch Klebstoffolien mit Haftklebstoffen können bei Nichtmetallen relativ hohe Scher- und Zugfestigkeiten erreicht werden, aber die Schälbelastbarkeit ist gering. Die Scherfestigkeit von Haftklebstoffen kann bei 20 °C bis 0,14 MPa und bei 70 °C bis 0,016 MPa liegen /4/. Die Festigkeit der Klebverbindung wird durch die entsprechende Klebstoffeinstellung und die Fügeflächenzustände bestimmt. Beim Fügen unterschiedlicher Werkstoffe können die Festigkeitseigenschaften der beiden Klebverbindungen durch eine entsprechende, unterschiedliche Klebstoffeinstellung gleich groß sein. Die entstehenden Klebverbindungen sind dauerelastisch und können damit sehr gut Ausdehnungsunterschiede der Bauteile ausgleichen. Eine Vibrationsdämpfung ist durch die Anwendung dieser kombinierten Klebverbindung erreichbar.

Die Temperaturbelastbarkeit liegt zwischen -40 °C und +150 °C, kurzzeitig bis +240 °C /1-4/. Diese kombinierte Fügeverbindung besitzt eine gute Beständigkeit gegen Alterung, Wasser, Chemikalien (vor allem Weichmachern) und UV-Bestrahlung.

Durch die Beschichtung des Trägermaterials mit einer gleichmäßigen Klebstoffschicht sind maßgenaue Verbindungen herstellbar. Gleichzeitig lassen sich ästhetisch gut gestaltete Fügeverbindungen herstellen. Die hohe Wirtschaftlichkeit dieser kombinierten Fügeverbindung gegenüber einer elementaren Klebverbindung liegt in

- der einfachen und schnellen Anwendung (kein Mischen und Auftragen, keine Nachreinigung, Vorkonfektionierung ) sowie

- der halb- oder vollautomatischen Verarbeitung mit einer hohen Auftragsgeschwindigkeit

begründet.

### Hinweise zu den Werkstoffen

Mit dieser kombinierten Klebverbindung sind nahezu alle Werkstoffkombinationen, wie Metalle, Kunststoffe (Schaumstoffe, Gummi, Plaste), Holz, Pappe, Papier, Glas, Keramik und Gewebe, fügbar. Um die Benetzbarkeit beider Fügeflächen zu gewährleisten, können auf beiden Seiten des Klebbandes unterschiedliche Klebstoffeinstellungen verwendet werden. Der Trägerwerkstoff kann aus Papier, Gewebe oder Schaum bestehen. Die Kombinationen der unterschiedlichen Klebstoffe und Trägermaterialien führt zu einer sehr großen Vielfalt angebotener Klebstoffolien. Die Dicke der Klebbänder liegt zwischen 0,1 mm und 3 mm /1-4/.

### Hinweise zur Gestaltung

Die zu fügenden Bauteile müssen eine feste Oberfläche aufweisen. Poröse oder lose Materialien sollen vor dem Kleben grundiert werden /1/. Durch die Anwendung von Klebfolien ergeben sich vielfältige Möglichkeiten, Versteifungen an Bauteilen, z. B. an Karosserieaufbauten anzubringen.

**Hinweise zur Herstellung**

Die Fügeflächen müssen sauber und trocken sein. Eine Reinigung mit Lösungsmitteln ist notwendig. Um die Verankerung der Klebstoffe auf der Fügeflächen zu gewährleisten, ist ein optimaler Anpreßdruck erforderlich. Beim Andrücken muß gewährleistet werden, daß zwischen der Fügeflächen und der Klebfolie keine Luftblasen eingeschlossen sind. Diese Blasen können bei einer Relativbewegung der Fügeteile zum Abheben der Folie und damit zu einer Zerstörung der Fügeverbindung führen /2/. Die beste Verarbeitungstemperatur der Klebfolie liegt entsprechend ihrer Art zwischen 10 °C und 15 °C /1/ oder 18 °C und 35 °C /2/.

**Hinweise zu weiteren Kombinationsmöglichkeiten**

Die wirtschaftliche Herstellung von Klebverbindungen kann auch durch folgende Kombinationen erreicht werden:

- Kleb-Näh-Verbindung (1)

Sind unterschiedliche Werkstoffe durch eine Klebverbindung zu fügen, sind folgende Kombinationen möglich:

- Kleb-Schmelzlöt-Verbindung (2)
- Kleb-Preßschweiß-Verbindung (1)

**Literatur zu Abschnitt 7.9.1**

1.   A. Rüegsegger: Klebbandsysteme im Metallbau und bei Nutzfahrzeugaufbauten. Tagungsband Swiss Bonding 90. S. 110 - 120. Verlag IKD Bietigheim-Bissingen 1990

2.   W. Möhren: Doppelseitige Klebbänder in der Praxis. Tagungsband Swiss Bonding 87. S. 63 - 79. Hoppenstedt Technik Tabellen Verlag Darmstadt 1987

3.   Produktübersicht Selbstklebende Hochleistungsverbindungssysteme. 3M Deutschland GmbH. Neuss

4.   Prospekt Haftkleben. Lohmann GmbH & Co, KG. Neuwied

# Springer-Verlag und Umwelt

Als internationaler wissenschaftlicher Verlag sind wir uns unserer besonderen Verpflichtung der Umwelt gegenüber bewußt und beziehen umweltorientierte Grundsätze in Unternehmensentscheidungen mit ein.

Von unseren Geschäftspartnern (Druckereien, Papierfabriken, Verpackungsherstellern usw.) verlangen wir, daß sie sowohl beim Herstellungsprozeß selbst als auch beim Einsatz der zur Verwendung kommenden Materialien ökologische Gesichtspunkte berücksichtigen.

Das für dieses Buch verwendete Papier ist aus chlorfrei bzw. chlorarm hergestelltem Zellstoff gefertigt und im pH-Wert neutral.